Wenli Sun
Mohamad Hesam Shahrajabian

Estudo dos bioestimulantes e dos seus efeitos na produção vegetal

Wenli Sun
Mohamad Hesam Shahrajabian

Estudo dos bioestimulantes e dos seus efeitos na produção vegetal

ScienciaScripts

Imprint

Cover image: www.ingimage.com

This book is a translation from the original published under ISBN 978-620-8-11970-6.

Publisher:
Sciencia Scripts
is a trademark of
Dodo Books Indian Ocean Ltd. and OmniScriptum S.R.L publishing group

120 High Road, East Finchley, London, N2 9ED, United Kingdom
Str. Armeneasca 28/1, office 1, Chisinau MD-2012, Republic of Moldova, Europe
Printed at: see last page
ISBN: 978-620-8-22085-3

Conteúdo

SOBRE OS AUTORES

Wenli Sun

Laboratório Nacional de Referência da Agricultura
Microbiologia, Instituto de Investigação em Biotecnologia, Academia Chinesa de Agricultura
Ciências, Pequim 100086, China

É professora associada e chefe de equipa e trabalha em temas relacionados com a medicina tradicional chinesa, a influência alelopática e a agricultura sustentável. Trabalha também em temas relacionados com a biotecnologia e a ciência molecular. A sua investigação atual incide sobre a história do coronavírus humano e a influência da medicina tradicional chinesa na prevenção e no tratamento do coronavírus humano. O seu perfil completo está disponível em http://orcide.org/0000-0002-1705-2996.

Correio eletrónico correspondente: sunwenli@caas.cn

Mohamad Hesam Shahrajabian

Laboratório Nacional de Referência da Agricultura
Microbiologia, Investigação biotecnológica
Instituto, Academia Chinesa de Agricultura
Ciências, Pequim 100086, China

É investigador sénior de Agronomia e Biotecnologia. Interessa-se por culturas e ervas relacionadas com a medicina tradicional, especialmente as culturas da medicina tradicional chinesa e iraniana relacionadas com a agricultura biológica e a agricultura sustentável. A sua investigação atual é a influência das ervas medicinais e dos frutos nos coronavírus humanos. O seu perfil completo está disponível em http://orcide.org/0000-0002-8638-1312. **Correio eletrónico correspondente:** hesamshahrajabian@gmail.com

Estudo dos bioestimulantes e dos seus efeitos na produção vegetal

Wenli Sun[#*], e Mohamad Hesam Shahrajabian[#]
Laboratório Nacional de Microbiologia Agrícola, Instituto de Investigação em Biotecnologia, Academia Chinesa de Ciências Agrícolas, Pequim 100086, China
*Correspondência: sunwenli@caas.cn
#Os autores contribuíram igualmente para esta investigação

Resumo

Os bioestimulantes são um dos métodos mais importantes para melhorar a produtividade, o crescimento e o rendimento das plantas, bem como a desintoxicação de metais pesados, estimular toxinas naturais, controlar pragas e doenças e aumentar a eficiência da água e dos nutrientes. Os aminoácidos têm vários benefícios, tais como aumentar a assimilação de nutrientes, aumentar o rendimento e os componentes do rendimento, bem como aumentar os processos de fotossíntese e promover a tolerância ao stress. Os fenóis podem regular e melhorar a fotossíntese, o processo de oxidação-redução, as actividades fisiológicas das plantas, reduzir os impactos adversos dos compostos tóxicos e melhorar as actividades antifúngicas das plantas. O ácido salicílico pode desempenhar um papel importante em situações de stress abiótico como a salinidade, a seca, o frio, os metais pesados e o stress térmico, e tem sido considerado um importante agente ecológico com enormes benefícios económicos e respostas rápidas. Os efeitos positivos da aplicação de salicílico foram relatados em culturas como ajwain, alfafa, antúrio, artemísia, alcachofra, cevada, feijão, mostarda preta, fava, grão-de-bico, chicória, canola, coentro, milho, algodão, pepino, cominhos, funcho, feno-grego, goji, longan, cardo mariano, painço, cebola, ervilha, pimento, pistácio, rabanete, arroz, alecrim, centeio, cártamo, açafrão, segurelha, sorgo, soja, espinafres, morango, beterraba sacarina, tomate, trigo, etc. O ácido húmico pode melhorar e estimular o crescimento das plantas, o rendimento, suprimir doenças e promover uma maior resistência ao stress. O ácido fúlvico pode aumentar o sistema radicular e promover a germinação das sementes, a taxa de crescimento e o rendimento final. Aumentar o rendimento, os componentes do rendimento, a qualidade das colheitas e estimular a resistência das plantas às tensões são apenas alguns dos hidrolisados proteicos mais importantes como bioestimulantes num sistema de cultivo sustentável. Alguns dos fungos mais importantes com enormes benefícios como bioestimulantes são *Glomus intraradices*, *Trichoderma atroviride*, *Trichoderma reesei* e *Heteroconium chaetospira*. As bactérias mais conhecidas que têm sido utilizadas como bioestimulantes são *Artherobacter* spp., *Acinetobacter* spp., *Enterobacter* spp., *Pseudomonas* spp., *Ochrobactrum* spp., *Bacilus* spp. e *Rhodococcus* spp.

Palavras-chave: Bioestimulante; Ácido fúlvico, Ácido húmico; Fungos; Bactérias; Ácido salicílico.

PARTE I

Introdução

Os bioestimulantes podem aumentar o desempenho das plantas e o crescimento de várias culturas, tanto em ambientes stressantes como normais (Petropoulos et al., 2020a,b; Petropoulos et al., 2021). Trata-se de produtos ou substâncias que contêm uma formulação especial, compostos naturais ou microrganismos que podem promover naturalmente o crescimento das plantas (Petropoulos, 2020). As categorias mais importantes de bioestimulantes são os ácidos húmicos e fúlvicos, os fungos, as bactérias, os produtos que contêm aminoácidos, os produtos que contêm hormonas, etc. A boa compreensão dos bioestimulantes e dos seus diferentes impactos em várias culturas, tais como a promoção do crescimento, o rendimento das culturas e a disponibilidade de nutrientes, pode ajudar os agricultores e os cientistas agrícolas a utilizá-los melhor, especialmente para os agricultores que pretendem aplicá-los em explorações agrícolas de pequena escala e em estufas. O objetivo deste manuscrito é apresentar os principais bioestimulantes e os seus efeitos em diferentes culturas.

Aminoácidos

Os aminoácidos são os melhores canadatos para aumentar a tolerância ao stress através da eliminação de ROS, osmoprotecção, disponibilidade de nutrientes e quelação de metais (Oosten et al., 2017). Eles também podem influenciar significativamente a estimulação e a síntese da expressão gênica e algumas enzimas (Rai, 2002). Os aminoácidos podem estimular os processos de fotossíntese, fortalecendo o crescimento das plantas, a síntese de proteínas, a formação de rendimento (Davies, 2010), bem como promover a assimilação, translocação e utilização de nutrientes e aumentar os componentes de qualidade (Calvo et al., 2014). A aplicação de tratamentos de aminoácidos (prolina e fenilalanina) e ácido salicílico 0,5 mM e quitosana obtiveram o maior rendimento de óleo, e o nível máximo de carvacrol foi relacionado à aplicação de 1,5 g em litros de prolina e fenilalanina (Poorghadir et al., 2020). O crescimento significativo no rendimento do morango (Talukder et al., 2018) e do tomate (Alfosea-Simon et al., 2020) também foi obtido na aplicação de aminoácidos. A taxa de fotossíntese do repolho diminuiu sob estresse hídrico, e a aplicação de aminoácidos não pôde influenciá-la significativamente (Haghighi et al., 2020). O peso fresco da soja e o rendimento das vagens melhoraram significativamente após a aplicação de aminoácidos (Pranckietiene et al., 2015; Kocira, 2019). Um aumento significativo no rendimento da cevada de primavera foi alcançado pela aplicação de 1,0% de concentração de aminoácidos. A utilização de uma concentração de 1,0% de solução de aminoácidos durante o estágio BBCH 21-23 causou um aumento significativo no rendimento da cevada de primavera (Pranckietiene et al., 2015). Foi obtido um aumento significativo da capacidade de germinação e do rendimento de sementes de rabo-de-gato devido à aplicação de aminoácidos (4,5 L/ha) (Radkowski e Radkowska, 2018). A aplicação foliar de tirosina (15 mM) foi benéfica para a melhoria da eficiência do uso da água, assimilação líquida de CO_2, bem como o crescimento das partes aéreas do tomate, além de aumentar positivamente a concentração de glicose, frutose e prolina, que têm papéis importantes tanto na estimulação da glicólise quanto no ciclo de Krebs (Alfosea-Simon et al., 2020). Em algumas outras pesquisas, a aplicação foliar de tratamentos com aminoácidos levou a um aumento positivo e significativo na produção de amido, matéria seca e polissacarídeos de *Vicia faba* L. (Sadak et al., 2014; El-Aal e Eid, 2018) e rendimento final de *Solanum lycopersicum* L. (Koukounaras et al., 2013). A utilização de glicina/planta no solo (500 mg) foi a melhor candidata para aumentar as caraterísticas fisiológicas e melhorar o mineral foliar do pepino (Shooshtari et al., 2020), além de ser apropriada para a agricultura sustentável do pepino (Souri e Hatamian, 2019). O efeito nocivo do stress da salinidade da água do mar foi reduzido após a aplicação de 1500 mg L^{-1} aminoácido na fava (Sadak et al., 2015). Foi alcançado um aumento significativo dos componentes nutricionais nos grãos de trigo de inverno, como cobre, sódio, cálcio e molibdénio, após a aplicação de duas formulações, nomeadamente AminHort e AminoPrim, que contêm 20% e 15% de aminoácidos, respetivamente (Popko et al. 2018). A utilização de L-metionina (0,2 mg/L e 0,02 mg/L) contribuiu para um aumento significativo da produção hidropónica de alface (Khan et al., 2019).

Fenóis

Um dos mais importantes, um grupo diversificado e grande de metabolitos secundários nas plantas são os fenóis, que têm um enorme impacto antioxidante (Wang et al., 2020). Os compostos fenólicos também estão envolvidos na regulação das actividades fisiológicas das plantas, na fotossíntese, na respiração das plantas e nos processos de oxidação-redução (Ozyigit et al., 2007; Babenko et al., 2019). Os fenólicos têm papéis significativos no desenvolvimento das plantas, particularmente na biossíntese de lignificação e pigmentos, bem como funções notáveis na proteção das plantas contra o stress (Bhattacharya et al., 2010;
Sharma et al., 2019). Mohamed et al. (2017) encontraram uma correlação significativa entre os fenólicos totais e a atividade antifúngica das plantas. A acumulação de fenólicos e aminoácidos pode aumentar a tolerância ao cobalto e ao cobre na cevada (Lwalaba et al., 2020). O metabolismo do ácido fenólico envolvido em *Kandelia obovata* pode aliviar o processo tóxico do zinco e do cádmio (Chen et al., 2020). Os extractos de folhas de *Calligonum arich* L., tais como compostos fenólicos, foram considerados compostos eficazes contra bactérias patogénicas (Yahia et al., 2019). Os ramos de alperce' fenólicos mostraram atividade antifúngica, especialmente contra o crescimento de *Monilinia laxa* (Cueto et al., 2021). Um dos parâmetros mais importantes que aumenta a resistência de *Nicotiana langsdorffi* ao Cr (VI) são os fenólicos (Bubba et al., 2013). Foi relatado que o ácido fenólico pode ter uma atividade semelhante a uma hormona (Machado, 2007) e pode regular a via dos fenilpropanóides como as substâncias húmicas, que podem funcionar como uma transdução de sinal mediada por auxina (Raina et al.,

2008).

Ácido salicílico

'O ácido salicílico actua como uma hormona vegetal natural e contribui para o crescimento das plantas e para a defesa contra os agentes patogénicos (Horvath et al., 2007; Hayat et al., 2012; Sambyal e Singh, 2021). O ácido salicílico contribui para provocar respostas ao stress abiótico como a seca, o frio, a salinidade, o calor, os metais pesados e o stress UV e aumenta a atividade antioxidante enzimática e não enzimática (Quiroga et al., 2018; Arif et al., 2020). A biossíntese do ácido salicílico consiste em duas vias metabólicas principais com várias etapas: as vias do isocorismato e da fenilalanina amónia-liase, e os regulamentos transcricionais da biossíntese do ácido salicílico são notáveis para o ajuste fino do nível de ácido salicílico nas plantas (Ding e Ding, 2020). O ácido salicílico é ecológico, económico e de ação rápida, e também se associa a outros elicitores para aumentar a biossíntese de metabolitos secundários (Eraslan et al., 2007; Lefevere et al., 2020; Ali, 2021). A aplicação de ácido salicílico (100 mM) atenuou os efeitos tóxicos dos metais pesados, indicando antagonismo na couve-flor (Sinha et al., 2015). A aplicação foliar de ácido salicílico 50 11L melhorou os hidrocarbonetos monoterpenos no óleo *de S. hortensis*, enquanto os monoterpenos oxigenados e os sesquiterpenos diminuíram (Ghasemi Pirbalouti et al., 2014). O ácido salicílico promoveu o teor de óleo essencial da folha e influenciou a concentração de limoneno, acetato de linalilo e linalol de mudas jovens de laranja amarga (Sarrou et al., 2015). O ácido salicílico também teve um forte efeito na deterioração pós-colheita, bem como na qualidade dos frutos da laranja sanguínea' s (Aminifard et al., 2013). O tratamento com ácido salicílico não afectou significativamente o crescimento do açafrão sob salinidade (Babaei et al., 2021). A ervilha tratada com ácido salicílico e esporos de *Erysiphe polygoni* registou um aumento significativo da atividade da fenilalanina amoníaco-liase e dos teores de fenólicos (Katoch et al., 2005). As aplicações foliares de ácido salicílico e quitosano podem melhorar os impactos negativos do défice hídrico no rendimento do óleo essencial e no teor de carvacrol do óleo essencial *de Thymbra spicata* L. (Momeni et al., 2020). A aplicação foliar de ácido salicílico a 10^{-5} mol/L pode ser razoável e eficaz para modificar os impactos do stress da seca no milho na fase de quatro folhas (Latif et al., 2016). Foi relatado o efeito de inibição da combinação de timol e ácido salicílico em *Fusarium solani*, que é uma das principais estirpes de deterioração pós-colheita de muitas frutas e legumes (Kong et al., 2021). O ácido salicílico promoveu a proliferação de células de algas, bem como a supressão da lipoxigenase e das desaturases do cloroplasto, levando a um aumento da biomassa (Awad et al., 2020). Nas plantas de mostarda, o ácido salicílico melhorou o estresse oxidativo do níquel, regulou os atributos físico-bioquímicos e aumentou o crescimento e a fotossíntese (Zaid et al., 2019). O tomate de uva aumentou mais com a pulverização foliar de ácido salicílico em comparação com a preparação de sementes de ácido salicílico (Chakma et al., 2021). O tratamento com ácido salicílico exógeno aumentou significativamente as proteínas de stress do tomate (Cueto-Ginzo et al., 2016). O ácido salicílico mediou a acumulação de sacarose em parte da tolerância à seca em *Brassica napus* (La et al., 2019), e as proteínas de stress do tomate aumentaram significativamente com a aplicação exógena de ácido salicílico (Cueto-Ginzo et al., 2016). Pode mediar a ressitência induzida por oligossacarídeo de alginato (AOS) em *Arabidopsis thaliana* (Zhang et al., 2019). A preparação das sementes com ácido salicílico leva à resistência contra a murcha de *Verticillium,* bem como à melhoria dos parâmetros de crescimento das plantas e das enzimas relacionadas com a defesa quitinase e e-1,3-glucanse em brinjal (Mahesh et al., 2017). O ácido salicílico pode melhorar o conteúdo de terpeno trilactona e indicadores fisiológicos em *Ginkgo biloba* (Ye et al., 2020). O ácido salicílico aliviou os danos oxidativos induzidos pelo Pb e, consequentemente, resulta num melhor crescimento e rendimento das plantas de mostarda (Hasanuzzaman et al., 2019). Os efeitos mais importantes relatados do ácido salicílico nas culturas são apresentados no Quadro 1.

Quadro 1- O el efeitos do ácido salicílico em algumas culturas.

Cultura	Nome científico	Família de plantas	Ponto-chave	Referência
Ajwain	*Carum copticum* L.	Apiaceae	São marcáveis alteração dos caracteres morfofisiológicos e bioquímicos conseguida pela sua aplicação foliar	Fathiand Najafian (2020)
Alfafa	*Medicago sativa* L.	Fabáceas	Sementes pré-tratadas com 100 pM de ácido salicílico maior tolerância à carência de Fe	Boukari et al. (2019)
			e reforçado assimilação fotossintética, concentração de clorofila e condutância estomática.	
			Aumento do crescimento das plantas, do teor de clorofila sob stress térmico e da actividades de enzimas antioxidantes da luzerna com aplicação de ácido salicílico.	Wassie et al. (2020)

			Ácido salicílico diminuídoAl nas raízes e nas folhas e diminuiu o teor de Al deficiências em cloroplastos.	Cheng et al. (2020)
			Ácido salicílico desempenharam funções de proteção em Manutenção da integridade e das funções dos fotossistemas para a resistência da luzerna ao stress do Al.	Cheng et al. (2020)
Antúrio	*Antúrio andraeanum* L.	Araceae	O ácido salicílico é o melhor candidato para prolongar a duração do vaso de flores de antúrio cortadas.	Promyou et al. (2012)
Artemísia	*Artemisia annua* L.	Asteraceae	Ácido salicílico melhorou o stress As, e pode modular o biossíntese da artemisinina.	Yin et al. (2012) Naeem et al. (2020)
Alcachofra	*Cynara scolymus* L.	Asteraceae	O ácido salicílico a 0,1 mM foi o mais adequado e prático sob stress de salinidade para aliviar o stress da salinidade no crescimento da alcachofra.	Daghaghian et al. (2017)
Cevada	*Hordeum vulgare* L.	Poaceae	O ácido salicílico tem uma função positiva na germinação das sementes de cevada e plântulas precoces crescimento por protegendo-o contra a toxicidade do Cd.	Kalai et al. (2016)
			Ácido salicílico regulamentou o oxidativo resistência através do aumento das	Pirasteh-Anosheh e Emam (2018)

			actividades das enzimas antioxidantes e diminuiu o efeito adverso induzido pelo sal melhorar o rendimento dos grãos.	
			Ácido salicílico a aplicação foliar pode melhorar o peso dos grãos através do ajustamento do valor negativo impacto do stress salino teores de hidratos de carbono e de amido.	Pirasteh-Anosheh et al. (2019)
			Ácido salicílico (100 ɥM)clareou Toxicidade do glifosato.	Spormann et al. (2019)
Feijão	*Phaseolus vulgaris* L.	Fabáceas	O ácido salicílico pode reduzir os impactos negativos do stress do NaCl.	Semida e Rady (2014)
			A aplicação de 1,0 mM de ácido salicílico poderia ser aplicada para diminuir os efeitos adversos do impactos da toxicidade do ião Cd^{2+} nas plantas de feijão.	Wael et al. (2015)
			Combinação de ácido salicílico e extrato de folhas de *Moringa oleifera* melhorou as caraterísticas de crescimento e atenuou os efeitos desfavoráveis do stress salino.	Radye Mohamed (2015)
			Ácido salicílico é útil para aumentar a tolerância às doenças transmitidas por sementes infeção pelo vírus do mosaico comum do feijão.	Mardani-Mehrabad et al. (2020)
			Ácido salicílico	Hediji et al.

			exógeno atenuadoCd- induzida por espécies de oxigénio reativo , metilglioxal e peroxidação lipídica.	(2021)
			Ácido salicílico planta elevada peso em condições de stress hídrico.	Schmit et al. (2021)
Mostarda preta	*Brassica nigra* L.	Brassicaceae	Ácido salicílico exógeno diminuição do sal toxicidade na mostarda preta, e aumento dos açúcares solúveis e	Ghassemi-Golezani et al. (2020)
			teor de clorofila.	
Favas	*Vicia faba* L.	Fabáceas	Redução de foi detectada uma paragem do crescimento com aplicações exógenas de ácido salicílico sob stress salino condições.	Anaya et al. (2018)
Buzzy lizzy	*Impatiens walleriana* L.	Balsamináceas	O ácido salicílico pode ser aplicado com segurança em 2-3mM pode aumentar significativamente a acumulação de prolina.	Antonic et al. (2016)
Grão-de-bico	*Cicer arietinum* L.	Fabáceas	O ácido saicílico pode ter propriedades antifúngicas.	Raju et al. (2019)
Chicória	*Cichorium intybus* L.	Asteraceae	A aplicação foliar de ácido salicílico pode desempenhar um papel importante na diminuição dos efeitos nocivos do stress salino e na melhoria da tolerância da planta de chicória ao stress salino.	Poursakhi et al. (2019)
Choysum	*Brassica parachinensis* L.	Brassicaceae	Ácido salicílico aumento dos componentes de	Kamran et al. (2020)

			crescimento, da clorofila e do estado da água em plantas sujeitas a stress salino.	
			Ácido salicílico via equilibrada do ascorbateglutatião,	Kamran et al. (2020)
			sistemas antioxidantes e glioxalase.	
Feijão de cacho	*Cyamopsis tetragonoloba* L.	Fabáceas	Ácido salicílico poderia ser adequado para diminuir a absorção de crómio pelas plantas em solos com stress de crómio.	Sangwan et al. (2015)
Canola	*Brassica napus* L.	Brassicaceae	Ácido salicílico melhorou a raiz primária comprimento, peso, diâmetroandroot densidade.	Farhangi-Abriz et al. (2019)
Camélia comum	*Camélia japonica* L.	Theaceae	Os 15 *CjWRKYs* podem ser induzidos pelo tratamento com ácido salicílico.	Yang et al. (2021)
Arruda comum	*Ruta graveolens* L.	Rutáceas	O ácido salicílico pode aumentar as actividades antimicrobianas sob o stress da seca.	Attia et al. (2018)
Concflowcr	*Echinacea purpurea* L.	Asteraceae	Ácido salicílico melhorou a produtividade da flor de cone roxa sob seca stress.	Darvizheh et al. (2019)
Coentros	*Coriandrum sativum* L.	Apiaceae	Aplicação de salicílico influenciou o rendimento das sementes e a biomassa das plantas.	Hesami et al. (2012)
			O melhor concentração de ácido salicílico (75 ou 150 LIM) poderia aumentar o crescimento,	Aminifard et al. (2020)
			rendimentoe índices bioquímicos de coentros.	
Milho	*Zea mays* L.	Poaceae	Salicilisácido	Guncsctal .

			melhorou a valor nutricional e qualidade dos grãos de milho de forma significativa, aumentando a proteína, total solúveis em açúcares , aminoácidos livres totais e fenóis solúveis totais.	(2005) Aminetal . (2013) Maswada et al. (2018) Bijanzadeh et al. (2019)
			Ácido salicílico diminuiu o stress oxidativo ao elevar as actividades antioxidantes enzimáticas, e planta aumentada desempenho sob toxicidade de Cr.	Islam et al. (2016)
			O tratamento das sementes com ácido salicílico diminuiu a acumulação de zinco.	Santos et al. (2017)
			Ácido salicílico modulou o resposta das plantas ao stress do chumbo.	Zanganeh et al. (2019)
			A preparação das sementes com ácido salicílico pode aumentar o chumbo no milho através da redução da absorção de Pb.	Zanganeh et al. (2020)
			Ácido salicílico a suplementação com o suplemento aumentou a	Kaya et al. (2020)
			óxido que estava efetivamente envolvido em estimulantesAs tolerância ao stress em plantas de milho.	
			Tratamento com ácido salicílico e poliamina A espermidina aumentou a tolerância de plantas de milho à seca e a	Naz et al. (2021)

			metaisvia acumulação de poliaminas.	
Algodão	*Gossypium hirsutum* L.	Malvaceae	Pulverização de algodão plantas com ácido salicílico (200 ppm) e citrato de potássio sub-sal condições provocaram um aumento do crescimento e do rendimento caracteres, e aumento da composição química da folha.	El-Beltagi et al. (2017)
			A embebição das sementes em ácido salicílico conduz a um aumento considerável da teores de azoto, fósforo, potássio, fenol e clorofila nas folhas de algodão.	Gad (2019)
			A sua aplicação melhorou a fotossíntese, condutância estomática e utilização da água	Barros et al. (2019)
			eficiência que se reflecte no aumento do rendimento do algodão.	
Pepino	*Cucumis sativus* L.	Cucurbitáceas	A aplicação de ácido salicílico 1,00 mM pode ajudar a atenuar os efeitos negativos da salinidade no crescimento de pepino.	Yildirim et al. (2008)
			A aplicação de ácido salicílico 0,50 mM pode proporcionar a melhor proteção contra a seca.	Baninasab (2010)
			Foi necessária uma aplicação de ácido salicílico de 50 mg/ml para aumentar a	Singhand Chaturvedi (2012)

			eficiência da utilização do azoto particularmente durante a germinação e o crescimento das plântulas.	
			Aplicação de ácido salicílico capacidade fotossintética melhorada sob stress alcalino.	Nie et al. (2018)
			Aplicação de ácido salicílico aumentadoalcalina-tolerância de plântulas de pepino.	Nie et al. (2018)
			Ácido salicílico dissipação estimulada de pesticidas no solo e nutrientes solução.	Liu et al. (2020)
			Ácido salicílico impediu a acumulação de	Liu et al. (2020)
			pesticidas nas plantas e estimulou a degradação do tiametoxame em clotianidina.	
			Aplicação de O ácido salicílico exógeno a 10 mg L^{-1} pode reduzir com êxito a acumulação de pesticidas e stress induzido tolerância em sistemas de plantação de pepinos.	Liu et al. (2021)
Cominho	*Cuminum cyminum* L.	Apiaceae	Aplicação de ácido salicílico (1,1 mM) pode conduzir ao maior peso de grão e teor de óleo.	Bordbad e Madandoust (2020)
Dendrobium	*Dendrobium officinale* Kumira et Migo	Orquidáceas	Ácido salicílico poderia ser um candidato bem sucedido a	Yuan et al. (2014)

			aumentar a produção de polissacáridos activos do dendrobium.	
Tremoço egípcio	*Lupinus termis* Forssk.	Fabáceas	Aplicação foliar com 75 ppm de ácido salicílico induziu uma melhoria proeminente no diâmetro do caule.	Gomaa et al. (2015)
Fava	*Vicia faba* L.	Fabáceas	A tolerância ao sal das plantas de fava foi aumentada pelo ácido salicílico	Souana et al. (2020)
			aplicação.	
Funcho	*Foeniculum vulgar* L.	Apiaceae	A sua aplicação aumentou o quantidade de anetol e de estrogel, bem como o rendimento em óleo essencial e o rendimento em grãos.	Heydarnejadiyan et al. (2020)
Feno-grego	*Trigonella foenum - graecum* L.	Fabáceas	O pré-tratamento com ácido salicílico modulou parcialmente os efeitos adversos do impactos do arsénio e do zinco em todos os parâmetros dos cotilédones e das radículas.	Mabrouk et al. (2019)
			O ácido salicílico pode ser utilizado como um corretor adequado por que oferece proteção contra os efeitos tóxicos dos metais pesados.	Mabrouk et al. (2019)
Feverfew	*Tanacetum parthenium* L.	Asteraceae	Ácido salicílico mais essencial óleo, prolina conteúdo, e enzimas antioxidantes.	Mall ahi et al. (2018)
Milho painço	*Eleusine coracana* L.	Poaceae	Ácido salicílico diminuiu significativamente o efeito negativo do Ni e	Kotapati et al. (2017)

			melhorou o comprimento das raízes e dos rebentos, o teor de clorofila, o rendimento seco e os minerais em plantas tratadas com Ni.	
Goji	*Lycium barbarum* L.	Solanáceas	Ácido salicílico diminuição da incidência de doenças, da taxa de respiração e do etileno produção em frutos.	Zhang et al. (2021)
			Ácido salicílico fruta diminuída pesoe melhoria da qualidade sensorial.	Zhang et al. (2021)
Henna	*Lawsonia inermise* L.	Lythraceae	Pode aliviar o stress gerado pelo NaCl através da melhoria do sistema de defesa antioxidante.	Farahbakhsh et al. (2017)
Feijão jacinto	*Lablab purpureus* (L.) Sweet	Fabáceas	A aplicação do ácido salicílico aumentou efetivamente o curto tolerância ao stress térmico a longo prazo.	Rai et al. (2018)
Mostarda indiana	*Brassica juncea* L.	Brassicaceae	A sua aplicação aliviou o diminuição do crescimento e da fotossíntese induzida pela seca através da elevação do teor de prolina.	Nazar et al. (2015)
			A 24-Epibrassinolida e o ácido salicílico levaram a um aumento do teor de osmólitos, e foi capaz de combater os efeitos nocivos da toxicidade do Pb.	Kohil et al. (2018)
Khella	*Ammi visnaga* L.	Apiaceae	Ácido Saicílico diminuiu o efeitos nocivos	Osama et al. (2019)
			do stress de seca	

			no crescimento parâmetros.	
			A seca combinada com ácido salicílico melhorou o conteúdo polifenólico total e a atividade de eliminação de radicais.	Osama et al. (2019)
Kiwi	*Actinidia chinensis* Planch.	Actinidiaceae	O ácido salicílico tem fortes efeitos na podridão pós-colheita e na qualidade dos frutos de *Actinidia deliciosa* var. Haywar.	Fatemi et al. (2013)
Bálsamo de limão	*Melissa officinalis* L.	Lamiaceae	O salicílico exógeno atenuou significativamente os efeitos tóxicos do mercúrio no crescimento.	Safari et al. (2019)
			Os danos oxidativos induzidos pelo Hg foram reduzidos após tratamento com ácido salicílico.	Safari et al. (2019)
			Pulverizadores foliares impacto de Ácido salicílico melhores concentrações de sesquiterpenos na erva-cidreira óleo essencial.	Pirbalouti et al. (2019)
Longan	*Dimocarpus longan* Lour.	Sapindáceas	O uso de ácido salicílico + UV-C é uma alternativa importante para prevenir o escurecimento da pele devido ao Cl de longan	Promyou e Supapvanich (2020)
			frutos durante o armazenamento a frio.	
Hortelã mexicana	*Coleus aromaticus* Benth (L.)	Lamiaceae	A citocinina combinada com o ácido salicílico e o quitosano teve um efeito positivo no desenvolvimento dos rebentos e na produção de metabolitos	Govindaraju e Arulselvi (2018)

			secundários sem modificação genética.	
Cardo mariano	*Silybum marianum* L. Gaertn.	Asteraceae	Ácido salicílico aumentou o crescimento vegetativo e rendimento através da melhoria da RWC em situação de seca condições.	Estajiand Niknam (2020)
			O tratamento com ácido salicílico a 200 LIM durante cinco dias foi a concentração mais eficaz para aumentar a acumulação de silimarina.	Ahmed et al. (2020)
			Os impactos antioxidantes da essência de sementes aumentaram com o stress da seca e a aplicação de ácido salicílico.	Estajiand Niknam (2020)
			Stress da seca reducedoiland linolecíaco conteúdo enquanto ácido reforçado e ácido linolénico.	Estajiand Niknam (2020)
painço	*Panicum miliaceum* L.	Poaceae	O ácido salicílico (0,1 e 0,3 mM) pode melhorar os efeitos nocivos da	Enteshari e Sharifian (2012)
			impactos do NaCl.	
Milheto de pérola	*Pennisetum glaucum* L.	Poaceae	Aplicação de ácido salicílico conduzem aDNA desmetilação que ocorre principalmente na citosina externa e é acompanhada por uma diminuição do número de larvas por panícula.	Ngom et al. (2018)
Feijão-mungo	*Vigna radiata* L.	Fabáceas	Ácido salicílico aumentou a fotossíntese e o crescimento sob stress salino, bem como a gestão da síntese de etileno para aumentar a tolerância ao sal.	Khan et al. (2014)

			Ácido salicílico aplicação pode melhorar o grão taxa de enchimento, peso dos grãos, grãos por planta e rendimento de grãos.	Lotfi et al. (2018)
			Ácido salicílico com acelerador de K+ nas folhas regulam a eficiência da fotossíntese.	Lotfi et al. (2020)
Oliveiras	*Olea europaea* L.	Oleáceas	Ácido salicílico melhorou a equilíbrio entre a produção de ERO e a escavação	Brito et al. (2019)
			Ácido salicílico aumentou a regulação do ionoma vegetal e promoveu o desenvolvimento das raízes.	Brito et al. (2019)
Cebola	*Allium cepa* L.	Amaryllidaceae	Plantas tratadas com ácido salicílico indicaram maior peroxidase, poli fenoloxidase e conteúdo fenólico do que as plantas inoculadas tratadas com água.	Abo-Elyousr et al. (2009)
			Pode constituir uma proteção potencial contra o stress da seca na cebola.	Semida et al. (2017)
Ervilha	*Pisum sativum* L.	Fabáceas	Ácido salicílico estimulou parcialmente os efeitos da temperatura e dos raios UVB no crescimento das plantas.	Martelândia Qaderi (2016)
			As aplicações de silício + ácido salicílico são um método sustentável para melhoram a toxicidade do B- nas ervilhas.	Oliveira et al. (2020)
			Os teores de clorofila (a+b) e de carotenóides foram	Oliveira et al. (2020)

			melhorado por Silício + ácido salicílico com toxicidade B-.	
Pêssego	*Prunus persica* L. Batsch	Rosáceas	Ácido salicílico melhoria do crescimento reprodutivo dos pessegueiros.	Mohammadi e Pakkish (2014)
Amendoim	*Arachis hypogaea* L.	Fabáceas	O ácido salicílico exógeno pode diminuir o Fe- clorose induzida por deficiência	Kong et al. (2015)
			promover a crescimento de plantas , aumentando o eficiência da absorção, translocação e utilização de Fe, protegendo o sistema de enzimas antioxidantes e modulando manutenção de elementos minerais.	
			O combinado aplicação de ácido salicílico e nitroprussiato de sódio mais eficaz no alívio da febre stress por deficiência.	Dong et al. (2016)
Pimenta	*Capsicum annuum* L.	Solanáceas	O ácido salicílico é responsável pelo aumento da tolerância à salinidade nas plantas de pimento, bem como pelo aumento do stress oxidativo.	Kaya et al. (2020)
Hortelã-pimenta	*Mentha piperita* L.	Lamiaceae	A aplicação de 150 mgL^{-1} de ácido salicílico melhorou o teor de óleo.	Saharkhiz e Goudarzi (2014)
			A elicitação de ácido salicílico 2 mM aumentou a propriedades	Figueroa-Perez et al. (2018)

			medicinais da *Mentha* pipperita.	
Pistácio	*Pistacia vera* L.	Anacardiaceae	Ácido salicílico A aplicação mostrou a crescente efeitos no teor de proteínas totais e nas enzimas oxidativas.	Ghamari et al. (2020)
Batata	*Solanum tuberosum* L.	Solanáceas	Ácido salicílico melhorou a clorofila, os teores de caroteinóides e também a atividade de polifenoloxidase.	Hadi e Kholdebarin (2018)
			Sob stress de Cd, o ácido salicílico exógeno aumento da CAA e da clorofila e prolina conteúdos.	Li et al. (2019)
Nenúfar pigmeu	*Nymphaea tetragona* Georgi	Nymphaeaceae	O ácido salicílico exógeno tratamento pode atenuar a impactos adversos do Cd em *Nymphaea tetragona*.	Gu et al. (2018)
Rabanete	*Raphanus sativus* L.	Brassicaceae	Ácido salicílico candidatura pode melhorarfresco peso do tiro e raiz , chlorophylla , clorofila b , flavonóides, índice de estabilidade da membrana em condições salinas.	Chaparzadeh e Hosseinzad-Behboud (2015)
Arroz	*Oryza saliva* L.	Poaceae	Um maior comprimento da raiz e do rebento, percentagem final de emergência e água relativa ocorreu após a aplicação de ácido salicílico.	Pouramir-Dashtmian et al. (2014) Khan et al. (2019) Ki mb emb e et al. (2020)
			Ácido salicílico melhorou a	Singh et al. (2017)
			translocação do arsénio	

			da raiz para o rebento.	
			Ácido salicílico poderia atenuar os efeitos adversos do stress salino através da regulação de mecanismo fisiológico em plantas de arroz.	Jini e Joseph (2017)
			Priming com ácido salicílico estimulou a FotossistemaII e atividade das enzimas antioxidantes.	Shasmita (2019)
			Ácido salicílico ajudou a sincronizar os mecanismos antioxidantes para aliviarSe-induzida por fitotoxicidade.	Mostofa et al. (2020)
			Ácido salicílico a pulverização reduziu a acumulação de Cd e modulou o ácido salicílico via de sinalização.	Wang et al. (2021a,b)
Alecrim	*Rosmarinus officinais* L.	Lamiaceae	Ácido salicílico aplicaçãopode melhorar o rendimento e a tolerância das culturas.	Abbaszadeh et al. (2020)
Centeio	*Secale cereale* L.	Poaceae	O desenvolvimento e as alterações bioquímicas significativas no centeio, bem como o aumento das antocianinas e dos carotenóides, ocorreram por ácido salicílico	Yanik et al. (2018)
			aplicação.	
Cártamo	*Carthamus tinctorius* L.	Asteraceae	Utilização exógena de o ácido salicílico pode aumentar a tolerância à salinidade através da regulação do sistema antioxidante.	Shaki et al. (2017)
			O ácido salicílico exógeno	Shaki et al. (2018)

			aumentou o resposta de açafroa salinidade por melhorar a glicina betaína, total teores de proteínas solúveis, hidratos de carbono, clorofilas, carotenóides, flavonóides e antocianinas.	
			Aplicação de ácido salicílico ativado por via exógena sistema de defesa não enzimático no stress da seca.	Chavoushi et al. (2019)
			Ácido salicílico aumentou a taxa de fotossíntese, o teor de antocianinas e fenilalanina amonialiase atividade.	Chavoushi et al. (2020)
Açafrão	*Crocus sativus* L.	Iridáceas	O efeito positivo sobre o acumulação de compostos fenólicos por ácido salicílico aplicação foi	Tajik et al. (2019)
			relatado.	
Satureja	*Satureja khuzistanica* Jamzad	Lamiaceae	Uma baixa concentração de ácido salicílico, uma vez na fase vegetativa e outra vez na fase reprodutiva, pode ser utilizada para aumentar tanto a produção primária como a produção reprodutiva. metabolitos secundários.	Sadeghian et al. (2013)
Salgados	*Satureja hortensis* L.	Labiatae	Ácido salicílico óleo essencial aumentado.	Poorghadir et al. (2020)
Sorgo	*Sorghum bicolor* L.	Poaceae	Ácido salicílico diminuição do sal	Farhangi-Abriz e Ghassemi-

			lesões causadas pelo stress através do aumento das actividades das enzimas antioxidantes.	Golezani (2018)
			O ácido salicílico é um bom candidato para reduzir a toxicidade dos metais pesados, como o crómio (VI).	Sihag et al. (2019)
			1,1 mM foi o mais eficaz ácido salicílico concentração na minimização do impactos negativos da salinidade.	Dehnavi et al. (2019)
Soja	*GLycine max* (L.) Merr.	Fabáceas	A aplicação de ácido salicílico 0,4 mM reduziu a impactos negativos do défice hídrico através do aumento da atividade das enzimas antioxidantes e diminuição da	Razmi et al. (2017)
			formação de malondialdeído.	
			Ácido salicílico utilização, melhorou a variáveis fisiológicas da soja.	Barros et al. (2018)
			A aplicação dupla de ácido salicílico foi inadequada método prático para aumentar as plântulas estabelecimento a partir de sementes de soja envelhecidas.	Nazari et al. (2020)
Espinafres	*Spinacia oleracea* L.	Amaranthaceae	O ácido salicílico leva ao congelamento tolerância em pode ser mediada por NO eH_2O_2 sinalização.	Shin et al. (2018)
Abóbora	*Cucurbita pepo* L.	Cucurbitáceas	Ácido salicílico aplicação melhorou a	El-Mageed et al. (2016)

			crescimento, caraterísticas anatómicas e rendimento das culturas de abóbora.	
Morango	Fragaria* *Ananassa* duch.	Rosáceas	Aplicação de o ácido salicílico a 2 mM pode levar a um melhor desempenho do morango.	Aghaeifard et al. (2016)
Girassol	*Helianthus annuus* L.	Asteraceae	O ácido salicílico pode reduzir o arsénico toxicidadeem folhas de girassol.	Saidi et al. (2017)
			Ácido salicílico exógeno aumentou a germinação de sementes de	Huang et al. (2021)
			girassol sob stress de Zn^{2+} .	
Manjericão doce	*Ocimum basilicum* L.	Lamiaceae	Aplicação foliar de ácido salicílico (1,00mM) melhorou tudo teor de nutrientes das folhas sob stress salino.	Elhindi et al. (2017)
			Preparação das sementes com ácido salicílico aumentou o teor de fenólicos e as actividades de eliminação de 1,1-dipehyl-2-picrylhydrazyl livre, mas não afectou os principais óleos essenciais compsoições e respectivas percentagens.	Kulak et al. (2021)
			Ácido salicílico aumento dos valores do peso fresco e seco dos rebentos e da altura das plantas sob seca.	Damalas (2019)
Festividade alta	*Festuca arundinaceae* Schreb	Poaceae	O ácido salicílico tem um impacto significativo na	Rostami e Rostami (2019)

			melhoria de potencial de fitorremediação em festuca alta.	
Timo	*Thymus vulgaris* L.	Lamiaceae	Fenólicos totais conteúdo e a atividade antioxidante aumentou nas plantas pulverizadas sujeitas a stress de seca.	Khalil et al. (2018)
			Ácido salicílico diminuiu o efeitos negativos de	Mohammadi et al. (2019)
			défice hídrico.	
Soja selvagem	*Glicina soja* Siebold & Zucc	Fabáceas	O ácido salicílico exógeno utilização de plantas de soja selvagem antes do *Soybean mosaicvirus* (SMV) poderia estimular o crescimento das plantas e melhorar a resistência das plantas ao vírus.	Zhang et al. (2020)
Espinafres	*Basella alba* L.	Basellaceae	Pode ser aplicado para melhorar o potencial de fitorremediação do Cr.	Zewail et al. (2020)
Morango	Fragaria* *ananassa* L.	Rosáceas	Ácido salicílico pode otimizar a proteção contra os impactos nocivos da salinidade.	Jamaliand Eshghi(2015)
Beterraba sacarina	*Beta vulgaris* L.	Amaranthaceae	O mais elevado aumento da sacarose (20%) e do açúcar branco extraível possível (184%) foi obtido com 200 kg de K por hectare em combinação com salicílico-foliar pulverização.	Merwad (2016)
Tomate	*Solanum lycopersicum* Mill.	Solanáceas	O integrado tratamento com micorrizas arbusculares e ácido salicílico	Ojha et al. (2012)

			tiveram um efeito significativo na redução de *Glomus*	
			fasciculatum.	
			Ácido salicílico poderia ser aplicado contra *Meloidogyne incognita.*	Mukherjee et al. (2012)
			O ácido salicílico é o melhor candidato para suprimir os efeitos negativos causados pelo glifosato.	Singh et al. (2017)
			Ácido salicílico melhorou a teor de pigmentos fotossintéticos e taxa fotossintética.	Wei et al. (2018)
			Ácido salicílico aliviou o toxicidade do tirame através do aumento das actividades das enzimas de desintoxicação de pesticidas.	Yuzbasioglu e Dalyan (2019)
			Ácido salicílico genes relacionados com a desintoxicação significativamente modificados sob a toxicidade do tirame.	Yuzbasioglu e Dalyan (2019)
			Ácido salicílico diminuiu o infeção de *Meloidogyne javanica* no tomateiro.	Dehghanian et al. (2020)
			Ácido salicílico controlo assistido excesso de boro em plantas de tomate.	Farghaly et al. (2021)
Trigo	*Triticum aestivum* L.	Poaceae	Ácido salicílico tratamento diminuiu a ação prejudicial da salinidade no embrião	Dolatabadian et al. (2009)
			crescimentoe aceleradoa restauração de processos de crescimento.	

			Ácido salicílico pode formar um complexo com Cd que pode proporcionar tolerância ao Cd.	Moussa e El-Gamal (2010)
			O ácido salicílico pode prevenir a acumulação de clorpirifos no trigo.	Wang e Zhang (2017)
			O ácido salicílico tem potencial para aumentar a crescimento de plantas de trigo sob seca.	Ilyas et al. (2017)
			Ácido salicílico reduzidapectina atividade da metilesterase e para reduzir a acumulação de Cd na parede celular.	Jia et al. (2021)
			Pode atenuar os efeitos negativos do stress hídrico nas cultivares de trigo de inverno, melhorando a desempenho fotossintético, mantendo a permeabilidade da membrana, a indução de proteínas de stress e melhorar o atividade de enzimas antioxidantes.	Khalvandi et al. (2021)
Yarrow	*Achillea millefolium* L.	Asteraceae	Ácido salicílico melhorou a	Gorni et al. (2020)
			produção de compostos primários.	
			Ácido salicílico regulamentou o absorção e metabolismo de elementos minerais, bem como o aumento do teor de óleo e do rendimento.	Gorni et al. (2020)

Ácido húmico

Definidas como uma série de substâncias altamente ácidas, de peso molecular relativamente elevado e de cor amarela a preta, as substâncias húmicas representam o maior reservatório de carbono orgânico estável em ambientes terrestres (Nunes et al., 2019; Dou et al., 2020). O ácido húmico pode aumentar o crescimento das plantas, enriquecer os nutrientes, reter água e suprimir doenças (Atiyeh et al., 2002; Canellas e Olivares, 2014, 2017; Olaetxea et al., 2018; Guo et al., 2019; Xiang et al., 2019). Eles são os principais componentes das substâncias húmicas e estimulam o crescimento de plantas vasculares (Byun et al., 2021). Os ácidos húmicos apresentam impactos estimulantes no crescimento e desenvolvimento das células vegetais (Nardi et al., 2002). O ácido húmico estabiliza a atividade microbiana e promove o crescimento de microrganismos aeróbicos (Tao et al., 2020). O ácido húmico, como agente de coordenação natural, foi utilizado para alterar o procedimento do tipo Fenton, estimulando o ciclo redox do Fe(III)/Fe(II) e aumentando a tolerância ao pH (Yang et al., 2021). Os pimentos tratados com ácidos húmicos extraídos de vermicompostos de resíduos alimentares produziram notavelmente mais frutos e flores do que os tratados com ácidos húmicos produzidos comercialmente (Arancon et al., 2006). O ácido húmico derivado da digestão anaeróbica de palha de milho indicou capacidades superiores de adsorção de metais pesados (Wang et al., 2021). O ácido húmico é um amenemdnet apropriado para a produção de *Calathea insignis* em resíduos verdes compostos, e aumentou significativamente o crescimento desta planta ornamental (Zhang et al., 2014). O ácido húmico é um novo substrato para a produção prática e de alta qualidade do cogumelo ostra (Zahid et al., 2020). Os efeitos mais notáveis do ácido húmico nas culturas experimentais são apresentados no quadro 2.

Quadro 2- Impactos relatados do ácido húmico em algumas culturas experimentais.

Cultura	Nome científico	Família de plantas	Ponto chave	Referência
Banana	*Musa* spp.	Musáceas	O ácido húmico a 0, 04% oferece controlo significativo dos nemátodos, bem como uma crescimento de banana.	Seenivasan e Senthilnathan (2018)
Feijão	*Phaseolus vulgaris* L.	Fabáceas	A aplicação de ácido húmico e de zinco por pulverização foliar teve resultados positivos impacto na produção de feijão.	Ibrahim e Ramadão (2015)
Favas	*Vicia faba* L.	Fabáceas	Humicacid melhorou os teores	Buyukkeskin et al. (2015)

			de Na+, K+, Mn^{2+} , e Zn^{2+}.	
Calêndula	*Calendula officinalis* L.	Asteraceae	A aplicação de ácido húmico pode aumentar a disponibilidade de nutrientes e crescimento das plantas parâmetros.	Karimi et al. (2020)
Cenoura	*Daucus carota* L.	Apiaceae	A sua aplicação provocou a estabilização da matéria orgânica, reduzindo a disponibilidade de arsénio para o biota.	Caporale et al. (2018)
Chicória	*Cichorium intybus* L.	Asteraceae	Os ácidos húmicos derivados do composto tinham impactos significativos sobre biomassa vegetal	Valdrighi et al. (1996) Gholami et al. (2018)
			produção e crescimento microbiano da chicória.	
Citrinos	*Citrus reticulate* cv. kinnow mandarim	Rutáceas	Humicacid planta impulsionada altura, ramo de frutificação, diminuição da percentagem de colheita de frutos e aumento da produção de frutos.	Hameed et al. (2018)
Comum Lentilha-d'água	*Lemna minor* L.	Araceae	O ácido húmico teve uma influência positiva sobre raiz da planta.	Antunes et al. (2012)
Pepino	*Cucumis sativus* L.	Cucurbitáceas	Os efeitos benéficos das substâncias húmicas no	Elenaetal . (2009) Moraetal . (2010)

			desenvolvimento dos rebentos do pepino podem estar relacionados com a influência do nitrato na concentração de várias citocininas e poliaminas activas nos rebentos.	
			A melhor promoção do crescimentopor utilização de extractos de fermentação aerada de composto (AFEC) foi maioritariamente relacionados com as substâncias de tipo húmico presentes na (AFEC).	Xu et al. (2012)
Eucalipto	*Eucalipto globulus* Labillardiere	Myrtaceae	Encharcamento das raízes com ácido húmico é uma solução eficaz para estimular o crescimento dos rebentos.	Morais et al. (2021)
Gerbera	*Gerbera jamesonii* Bolus ex Hook. f.	Asteraceae	Pode compensar o stress da deficiência de nutrientes da solução de cultura em no que respeita à síntese proteica, a fotossíntese atribui independentemente da absorção de nutrientes da gerbera.	Nikbakht et al. (2008) Haghighi et al. (2016)
Gladíolo	*Gladiolus grandiflorus* L.	Iridáceas	A sua utilização na plantação e no estádio de 3 folhas foi a melhor	Ahmad et al. (2013)

			tratamento de doenças precoces e brotação uniforme, maior crescimento da folhagem por planta, maior área foliar e folha total teor de clorofila, emergência mais precoce da espiga, maior número de floretes por espiga, maior comprimento caules e espigas, mais diâmetro de um espigão, maior qualidade da flor, maior duração do vaso, maior número de cormos elsper aglomerado, e	
			maior diâmetro e peso do cormo.	
Alface	*Lactuca sativa* L.	Asteraceae	O ácido húmico pode promoverN metabolismo e atividade fotossintética da alface para aumentar o rendimento final.	Haghighi et al. (2012)
			A sua aplicação foi adequada para aumentar o crescimento das plantas e reduzir a acumulação de Cd nas partes comestíveis da alface.	Haghighi et al. (2013)
Milho	*Zea mays* L.	Poaceae	Humiclike substâncias tiveram impactos positivos em diferentes	Eyheraguibel et al. (2008) Bijanzadeh et al. (2019) Liu et al. (2019)

			fases de crescimento das plantas, e representavam vários benefícios científicos e económicos.	
			Humicacid pode ter um efeito positivo na rizodeposição das plantas e na atividade microbiana da rizosfera.	Puglisi et al. (2009)
			Humicacid diminuiu os efeitos secundários sobre Mnon polimorfismo do retrotransposão e Genoomic Modelo	Yigider et al. (2016)
			Estabilidade.	
painço	*Panicum miliaceum* L.	Poaceae	Humicacid estimulou o crescimento de plântulas de painço sob stress hídrico, promovendo a capacidade de ajustamento osmótico e capacidade antioxidante de mudas e fotossíntese acelerada.	Shen et al. (2020)
Níger	*Guizotia abyssinica* L.	Asteraceae	O mais foi obtida uma resposta significativa das plantas em aplicação de seis litros de ácido húmico.	Tadayyon et al. (2017)
Cebola	*Allium cepa* L.	Amaryllidaceae	A imersão do ónion mudas em microalgas e ácido húmico	Gemin et al. (2019)

			As soluções indicaram imapactos promotores de crescimento nas fases iniciais , maior calibre das lâmpadas e rendimento, e açúcares incrementadose teor de proteínas nos bolbos.	
Ervilha	*Pisum sativum* L.	Fabáceas	O ácido húmico e o enxofre foram considerados eficazes para aumentar a	Osman e Rady (2012)
			crescimento e rendimento das plantas de ervilha.	
			Humicacid O vermicomposto enriquecido estimulou o solo e a saúde das plantas *de Pisum*.	Maji et al. (2017)
Pimenta	*Capsicum annuum* L.	Solanáceas	Ácidos húmicos do solo e foliares foi adequado para obter uma maior produção de frutos e pode melhorar significativamente a qualidade dos frutos.	Karakurt et al. (2009) Sonmezand Gulser (2016)
			Totalsolúvel sólidose a acidez titulável melhorou em resposta a ácido húmico tratamentos.	Aminifard et al. (2012)
			Os ácidos húmicos e a inoculação bacteriana atenuaram os impactos adversos da salinidade gradientes em	Bacilio et al. (2016)

			pimenta.	
Pistácio	*Pistacia vera* L.	Anacardiaceae	Aplicação foliar de ácido húmico melhorou a clorofila total.	Razavi Nasab et al. (2019)
Batata	*Solanum tuberosum* L.	Solanáceas	O ácido húmico pode aumentar significativamente o rendimento da batata.	Selladurai e Purakayastha (2016)
			Inoculação com crescimento de plantas	Ekin (2019)
			cultura mista de rizobactérias promotoras e 400 kg ha-1 de ácido húmico melhorou a produção total de tubérculos de batata em cerca de 140%.	
Rabanete	*Raphanus sativus* L.	Brassicaceae	Humicacid causada redução dos diâmetros radiculares e melhoria da especificidade radicular comprimento.	Bandiera et al. (2009)
			Humicacid diminuiu a absorção de Cd, Cu e Zn pelo rabanete sem causar fitotoxicidade.	Ondrasek et al. (2018)
			Humicacid controlar o sem telemóvel Formas catiónicas de metais vestigiais e sua absorção pelas culturas.	Ondrasek et al. (2018)
Arroz	*Oryza sativa* L.	Poaceae	O ácido húmico utilizado nas plantas	Garciaetal. (2012) Garciaetal.

			pode proteger contra o stress da seca em solos degradados.	(2014)
			O pré-tratamento com ácido húmico modificou o influxo líquido de NO3- ou NH4+.	Tavares et al. (2019)
			O ácido húmico pode resultar em plântulas mais vigorosas para	Tavares et al. (2020)
			plantação de culturas.	
			Os ácidos húmicos conduzem a um aumento da eficiência fotossintética.	Castro et al. (2021)
Azevém	*Lolium perenne* L.	Poaceae	A aplicação foliar de ácido húmico pode ser útil para aumentar o rendimento absorção de nutrientes e raízes desenvolvimento do azevém, podendo conduzir a maior resistência à seca.	Maibodi et al. (2015)
Açafrão	*Crocus sativus* L.	Iridáceas	A aplicação de ácido húmico afectou o tamanho do milho.	Shajari et al. (2018)
Morango	Fragaria* *ananassa* Duch.	Rosáceas	A aplicação de ácido húmico líquido teve um efeito notável no teor de zinco das folhas causando diminuição do teor de Zn.	Pilanalândia Kaplan (2003)
			A aplicação de ácido húmico a 25 mg L^{1} ou a 2 mM pode conduzir a	Aghaeifard et al. (2016)

			uma melhor desempenho.	
			Inclusão de ácido húmico na solução nutritiva do morango cultivado em hidroponia	Saidimoradi et al. (2019)
			aumento das reacções das plantas a salinidade.	
Cana-de-açúcar	*Sachharum officinarum* L.	Poaceae	Os ácidos húmicos e as substâncias húmicas com ureia podem aumentar a eficiência da utilização do azoto.	Leite et al. (2020)
Teca	*Tectona grandis* L.f	Lamiaceae	Humicacid a aplicação melhorou a altura das plantas, o caule diâmetro, total rendimento em matéria seca e significativamente associado à alturae relação raiz/raiz.	Fagbenro e Agboola (1993)
Tomate	*Solanum lycopersicum* L.	Solanáceas	Rendimento do tomate melhorado por humatoe aplicação de bactérias benéficas como pulverização foliar.	Davidetal . (1994) Adanietal . (1998) Turkmen et al. (2004) Olivares et al. (2015) Suman et al. (2017)
			Humicacid utilizaçãohad os menores efeitos no número de frutos por planta e na vitamina C, mas melhorou o crescimento vegetativo de tomates, bem como o	Abdellatif et al. (2017)

			rendimento caracteres.	
			Humatos e bactérias benéficas	Olivares et al. (2015)
			promoveu o metabolismo secundário e a defesa das plantas.	
			Substâncias húmicas derivadas da palha de arroz estimularam o crescimento do tomate.	Ma et al. (2019)
Trigo	*Triticum aestivum* L.	Poaceae	Humicacid usava impactos positivos no crescimento do trigo de primavera.	Jonesetal . (2007) Khanetal . (2018) Dincsoye Sonmez (2019)
			60 mg kg-1 de solo foi mais eficaz promover o crescimento do trigo e absorção de nutrientes.	Tahir et al. (2011)
			Humicacid pode eliminar os efeitos negativos dos metais pesados.	Ozfidan-Konakci et al. (2018)
			Humicacid- indicaram uma maior tolerância ao stress de Cd no trigo.	Ozfidan-Konakci et al. (2018)

Ácido fúlvico

Os ácidos fúlvicos, aplicados na horticultura sustentável, podem alterar o metabolismo primário e secundário das plantas e aumentar o crescimento das raízes, a absorção de nutrientes e a tolerância das culturas ao stress ambiental (Yigit e Dikilitas, 2008; Ouni et al., 2014; Canellas et al., 2015). O ácido fúlvico é um bioestimulante vegetal produzido principalmente pela biodegradação da lenhina que contém matéria orgânica vegetal (Lotfi et al., 2015), com um teor de oxigénio mais elevado e um peso molecular mais baixo (Bulgari et al., 2015). O ácido fúlvico pode ser utilizado como substituto natural para controlar o bolor cinzento causado por *Botrytis cinerea* (Xu et al., 2019). O ácido fúlvico pode estimular a germinação das sementes e melhorar a taxa de crescimento, além de ter um efeito especial de promoção no desenvolvimento do sistema radicular da cultura, o que promove o enraizamento rápido das plântulas, o crescimento de mais raízes secundárias e a melhoria da quantidade de raízes e, claro, acelera a capacidade da cultura de absorver água e nutrientes (17,18). Os efeitos mais importantes do ácido fúlvico em algumas culturas experimentadas são apresentados no Quadro 3.

Quadro 3- Efeitos da aplicação de ácido fúlvico em algumas culturas.

Cultura	Nome científico	Família de plantas	Ponto-chave	Referência
Alfafa	*Medicago sativa* L.	Fabáceas	Ácido fúlvico produção acelerada de biomassa de luzerna.	Pessoal da Cap et al. (2020)
Lizzy ocupada	*Impatiens walleriana* L.	Balsamináceas	40 mg kg^{-1} dose de ácido fúlvico e húmico foi o tratamento adequado para a floração e o crescimento das plantas parâmetros.	Esringu et al. (2015)
Café	*Coffea arabica* L.	Rubiáceas	Aplicação foliar de ácido fúlvico melhorou o crescimento e a nutrição das mudas de café em Oxisol.	Justi et al. (2019)
Algodão	*Gossypium hirsutum* L.	Malvaceae	O ácido fúlvico com ureia de libertação controlada pode melhorar a qualidade da fibra e atrasar a senescência das folhas, bem como aumentar a rendimento.	Geng et al. (2020)
Figueira-da-índia	*Scrophularia nodosa* L.	Scrophulariaceae	Ácido fúlvico diminuiu fortemente a	Ernst et al. (1987)
			absorção de cálcio, ferro e fósforo e a sua	

			concentração nas raízes.	
Gerbera	*Gerbera jamesonii* Bolus ex Hook. f.	Asteraceae	O ácido fúlvico (50 mg L-1) pode aumentar a qualidade e a quantidade de gerberavia melhorar a arquitetura das raízes, aumentar a absorção de nutrientes e afetar as actividades hormonais.	Yazdani et al. (2014)
Uva	*Vitis vinifera* L.	Vitaceae	A utilização foliar do antitranspirante ácido fúlvico (FA-AT) controlou o açúcar das uvas e o álcool dos vinhos.	Li et al. (2021)
			A FA-AT aumentou o teor total de taninos e de flavanóis individuais Uva e vinho *Cabernet Sauvignon.*	Li et al. (2021)
Alface	*Lactuca sativa* L.	Asteraceae	Aplicação foliar de ácido fúlvico planta de alface acelerada crescimento sob stress de Cd.	Wang et al. (2019)
			Ácido fúlvico aumento da fotossíntese	Wang et al. (2019)
			transporte de electrões e fotossíntese, e impediu a acumulação de Cd.	

Alcaçuz	*Glycyrrhiza glabra* L.	Fabáceas	O extrato de raiz de alcaçuz e o ácido fúlvico aumentaram o crescimento e o rendimento de plantas de trigo sujeitas a stress salino.	Elrys et al. (2020)
			O extrato de raiz de alcaçuz e o ácido fúlvico restauraram eficazmente os elementos nutritivos devido à manutenção da água celular conteúdo.	Elrys et al. (2020)
Milho	*Zea mays* L.	Poaceae	O ácido fúlvico e a ureia de libertação controlada podem ser considerados como um novo método ecológico que poderia aumentar o rendimento do milho.	Li et al. (2020)
Cebola	*Allium cepa* L.	Amaryllidaceae	Aplicação do ácido fúlvico em conjunto com microrganismos benéficos poderia ser aplicado na produção sustentável.	Mahmoud et al. (2019)
Peónia de Osti,s	*Paeonia ostii*	Paeoniaceae	Pode reduzir a peroxidação lipídica da membrana e diminuir os danos à fotossíntese e aliviar a	Fang et al. (2020)
			danos de stress de seca.	
Pistácio	*Pistacia vera* L.	Anacardiaceae	O ácido fúlvico pode melhorar o	Pakdaman et al. (2018)

			peso seco do pistácio condições de alcalinidade.	
Cártamo	*Carthamus tinctorius* L.	Asteraceae	A aplicação foliar de ácido fúlvico tem impactos positivos no óleo percentagem.	Moradi et al. (2017)
Beterraba sacarina	*Beta vulgaris* L.	Amaranthaceae	Fulvicácidos aumentou a germinação final e minimizou o tempo médio de germinação na beterraba sacarina.	Braziene et al. (2021)
			Fulvicácidos danos contornados de rebentos *Fusarium* sp. e *Microdochium nivale*, e melhoria da qualidade da produção e do rendimento das culturas.	Braziene et al. (2021)
Tabaco	*Nicotiana tabacum* L.	Solanáceas	Pode ter um impacto benéfico no crescimento das plantas.	Priya et al. (2014)
			Pode influenciar a expressão de genes-chave que codificam os transportadores e as enzimas envolvidas no transporte de K	Priya et al. (2014)
			e o metabolismo do amido.	
Tomate	*Solanum lycopersicum* L.	Solanáceas	Espadilha foliar com ácido fúlvico maior eficiência na utilização da água.	Abd Allah et al. (2018)

Trigo	*Triticum aestivum* L.	Poaceae	O fertilizante foliar com ácido fúlvico melhorou o rendimento.	Ahmad et al. (2018)
			Ácido fúlvico reduziu o teor de acumulação de Ag no trigo.	Li et al. (2018)
			O ácido fúlvico pode desempenhar uma função importante na atenuação do stress provocado pelo crómio em plantas de trigo.	Akcin (2021)
Yarrow	*Achillea millefolium* L.	Asteraceae	Teor total de fenóis e flavonóides e atividade antioxidante das folhas e as flores foram melhoradas por utilização de ácido fúlvico.	Bay atet al. (2021)
			O teor de N, P e K das folhas foi melhorado com a aplicação de ácido fúlvico.	Bay atet al. (2021)

Hidrolisados de proteínas

Os bioestimulantes de hidrolisados proteicos, obtidos principalmente por hidrólise química e enzimática de proteínas de origem animal e vegetal, baseiam-se numa mistura de aminoácidos e péptidos solúveis e podem aumentar o rendimento e a qualidade dos produtos, bem como aumentar a absorção e a tolerância das plantas ao stress abiótico (Schaafsma, 2009; Bah et al., 2015; Colla et al., 2015). As diferentes etapas para a produção de hidrolisados de proteínas a partir de subprodutos incluem fontes de proteínas, seleção de proteases, controle do processo hidrolítico, caraterização do hidrolisado (purificação de peptídeos) e avaliação biológica (bioensaios de plantas), respetivamente (Moreno-Hernandez et al., 2020). O hidrolisado de proteína de peixe obtido enzimaticamente (FPH) é uma fonte rica em peptídeos biologicamente ativos que possuem atividade antioxidante, anticâncer, antimicrobiana e anti-hipertensiva (Gunasekaran et al., 2015; Yathisha et al., 2019). O consumo de hidrolisados de proteína de grão-de-bico pode mostrar um efeito protetor contra a carcinogénese do cólon (Sanchez-Chino et al., 2019). Os hidrolisados proteicos de sementes de *Cucurbita moschata* e *Lagenaria siceraria* podem ser considerados como alimentos nutricionais e agentes antimicrobianos funcionais no sistema alimentar (Dash e Ghosh, 2018). O hidrolisado proteico de sementes de tâmara pode ser utilizado como um potencial ingrediente promotor de saúde com actividades antioxidantes e inibidoras da enzima de conversão I (ACE) (Ambigaipalan et al., 2015). O hidrolisado proteico do bolo de sementes sem éster de forbol de *Jatropha curcas* seria um substituto e uma nova fonte de estimulante natural do crescimento das plantas (Selanon et al. 2014). A proteína do feijão mungo hidrolisada libertou cálcio ativo e péptidos de ligação ao ferro (Budseekoad et al., 2018). Wasswa et al. (2007) relataram a produção de hidrolisado proteico a partir da pele de carpa herbívora usando Alcalase, e Sampath Kumar et al. (2011) relataram a geração de hidrolisados proteicos de carapau e corvina, usando pepsina, tripsina e a-quimotripsina. Foi demonstrado que não só aumentam a qualidade dos frutos e legumes em termos de fitoquímicos (Parrado et al., 2007; Paradikovic et al., 2011; Gurav e Jadhav, 2013: Ertani et al., 2014), e podem aliviar compostos indesejáveis como os nitratos (Liu et al., 2008). A Tabela 4 mostra os critérios de classificação dos hidrolisados proteicos no processo de produção de acordo com a fonte de proteína e o método de hidrólise da proteína. Os impactos mais importantes dos hidrolisados de proteínas em algumas culturas experimentais são apresentados no Quadro 5.

Tabela 4 - Critérios de classificação dos hidrolisados proteicos com base na fonte proteica e no método de hidrólise proteica utilizado no processo de produção (Colla et al., 2015).

Fonte de proteínas		Método de hidrólise de proteínas	
Origem animal	Origem vegetal	Hidrólise química	Hidrólise enzimática
Couro por produtos	Sementes de leguminosas	Hidrólise ácida	
Farinha de sangue	Feno de alfafa	Hidrólise alcalina	
Subprodutos de peixe	Vegetaispor produtos		
Penas de galinha			
Caseína			

Tabela 5- Os ef efeitos dos hidrolisados de proteínas em algumas culturas.

Cultura	Nome científico	Família de plantas	Ponto-chave	Referência
Anis	*Pimpinella anisum* L.	Apiáceas	A combinação de prolina e hidrolisados de peixe teve um efeito	Eguchi et al. (1998)

			positivo na estimulação de formação do embrião.	
			O epoxi-pseudoi soeugenol - (2-metilbutirato) (EPB) é potencialmentea metabólito fenólico notável modulam os fitoquímicos de tipo nutracêutico durante a sementeira germinação.	Andarwulan e Shetty (2000)
Apple	*Malus domestica* (Suckow) Borkh.	Rosáceas	Alfafaproteína hidrolisado boostedfruit qualidadee caraterísticas sensoriais, maior valor nutracêutico e diminuição do posto doença da colheita.	Soppelsa et al. (2018)
Milho	*Zea mays* L.	Poaceae	Aplicação de proteínas na raiz hidrolisados de farinha de carne ou de luzerna melhoraram o crescimento das raízes e das folhas, a glutamina sintetase e a	Ertani et al. (2009)
			actividades da redutase do nitrato.	
			A aplicação na raiz de hidrolisados proteicos derivados da luzerna melhorou a tolerância da cultura à salinidade, a atividade de sistemas antioxidantes e assimilação do	Ertani et al. (2013)

			azoto.	
Tomate uva	*Solanum lycopersicum* L.	solanáceas	Adicionar peixe-hidrolisados proteicos derivados e aplicação do O sistema de subirrigação pode ajudar a diminuir a diferença entre os rendimentos dos sistemas biológico e convencional.	Garcia-Santiago et al. (2021)
Videira	*Vitis vinifera* L.	Vitaceae	Aplicação foliar de proteínas Os hidrolisados de soja ou caseína podem estimular os genes de defesa que codificam proteínas relacionadas com a patogénese, o estilbeno enzima sintetase, e reforçada resistência a *Plasmopara viticola*.	Lachhab et al. (2014)
			Aplicação foliar de hidrolisados de proteínas de origem vegetal melhorada	Boselli et al. (2015)
			tolerância sólidos solúveis , seca, total fenolândia antocianina frutas.	
Alface	*Lactuca sativa* L.	Asteraceae	A aplicação radicular e foliar pode melhorar a cultura tolerância salinidade, fluorescência da clorofila, azoto e teor de fósforo das folhas.	Lucini et al. (2015)
			A aplicação de	Colla et al.

			raízes pode aumentar o rendimento, o índice SPAD e o teor de azoto nas folhas.	(2013)
			radiculares e foliares podem aumentar a uniformidade das culturas, a atividade antioxidante, mas diminuiu os nitratos nas folhas.	Tsouvaltzis et al. (2014)
Oregãos	*Origanum vulgare* L.	Lamiaceae	Suplementos de proteína de peixe hidrolisados a 1000mg/l impediu relativamente a vitrificação dos rebentos de orégão clones regenerados a partir de explantes de gemas axilares.	Eguchi et al. (2000)
			Proteína de peixe O hirolisado é o melhor candidato para reduzir a vitrificação em	Eguchi et al. (2000)
			tecido vegetal culturas.	
Pimenta	*Capsicum annuum* L.	Solanáceas	O hidrolisado de alfafa melhora a frescura pesoe número de frutos por planta.	Ertani et al. (2014)
			O hidrolisado de alfafa modulou os metabolitos secundários nos frutos, e aumento do teor de fitoquímicos e valor nutracêutico.	Ertani et al. (2014)
Soja	*Glycine max* (L.) Merr.	Fabáceas	Hidrolisados de proteínas de soja com xantangum indicou o efeito mais funcional na retrogradação a	Luo et al. (2020)

			curto e longo prazo do amido de arroz.	
Tomate	*Solanum lycopersicum* L.	Solanáceas	Animal Os hidrolisados enzimáticos de proteínas melhoraram a altura das plantas de tomate e o número de flores.	Parrado et al. (2008)
			Aplicação radicular e foliar de os hidrolisados de proteínas de origem vegetal podem aumentar a potência Atividade da Fe(III)-Celato redutase,	Cerdan et al. (2013)
			folhaFe e clorofila em condições de cal.	
			A aplicação na raiz de hidrolisados de proteínas derivadas de plantas pode melhorar o enraizamento e o crescimento dos rebentos.	Colla et al. (2014)
			Os hidrolisados de proteínas podem estimular e regular a primárioe metabolismo secundário nas plantas para aumentar a produtividade e minimizar o impacto do stress abiótico nas culturas.	Colla et al. (2017)

Fungos

Glomus intraradices

O maior e mais comum género do filo Glomeromycota que mantém relações simbióticas com as raízes das plantas é o *Glomus* (Scervino et al., 2005; Albertsen et al., 2006; Eisenhauer et al., 2009), que pode melhorar a tolerância à seca da planta hospedeira através da mediação de proteínas com atividade semelhante à da chaperona (Porcel et al., 2007). A inoculação de *Glomus intraradices* orquestra alterações bioquímicas e o padrão de libertação de Zn nos solos, o que pode promover o aumento da disponibilidade de Zn (Subramanian et al., 2009). *Glomus intraradices* pode potencialmente fitoestabilizar o Cu em solos contaminados (Castillo et al., 2011). O tamanho dos poros, a distribuição do tamanho dos poros, bem como a distância do vizinho mais próximo foram melhorados por *Glomus intraradices* (Martin et al., 2012). A aplicação de *Glomus intraradices* melhorou significativamente os traços de crescimento de transplantes de alface, pêssego, tomate, melão e abobrinha nos estágios iniciais de desenvolvimento devido à maior absorção de elementos principais e traços como P, Mg, Fe, Zn e B através do aumento da superfície da raiz (Colla et al., 2014). Os efeitos mais importantes do Glomus intraradices são mostrados na Tabela 6.

Quadro 6- Impacto *de Glomus intraradices* em algumas culturas experimentais.

Cultura	Nome científico	Família de plantas	Ponto-chave	Referência
Alfafa	*Medicago sativa* L.	Fabáceas	A inoculação pode levar à eficácia dos inóculos no crescimento da luzerna e evitar a toxicidade por excesso de Cu na planta da luzerna tecidos.	Daniela Novoa et al. (2010)
			A inoculação diminuiu a concentração de Cd nos rebentos e melhorou biomassa de rebentos.	Liu et al. (2017)
			Os glomus intraradices aumentaram os valores nutricionais.	Jafari et al. (2018)
Astrágalo	*Astragalus sincius* L.	Fabáceas	*O Glomus intraradices* aumentou significativamente o crescimento das plantas.	Li et al. (2009)
Trevo de barril	*Medicago*	Fabáceas	A sua inoculação	Redon et al.

	truncatula Gaertn.		melhorou o crescimento das plantas e a acumulação de metais na biomassa acima do solo.	(2008) Recorbet et al. (2010)
Manjericão	*Ocimum basilicum* L.	Lamiaceae	Co-inoculação de *Dietzia natronolimnaea* e *Glomus intraradices* com vermicomposto influenciaram significativamente a sua crescimento sob stress por salinidade.	Bharti et al. (2016)
			Os glomus intraradices levam a ter boas	Mota et al. (2020)
			qualidade do material vegetal fresco em condições de seca.	
Laranja amarga	*Citrus aurantium* L.	Rutáceas	Tem um efeito positivo no crescimento.	Dutra et al. (1996)
Amieiro negro	*Alnus glutinosa* L. Gaertn	Betuláceas	Aumentou a área foliar, a altura dos rebentos e a biomassa total.	Oliveira et al. (2005)
Grama preta	*Vigna mungo* L. Hepper	Fabáceas	*O Glomus intraradices* favoreceu a eficiência do uso de nutrientes, além de aumentar a resposta de defesa da grama-preta contra *Spodoptera litura*.	Selvaraj et al. (2020)
Mandioca	*Manihot esculenta* Crantz	Euphorbiaceae	*O glomus intraradices* melhorou de facto o caule mais elevado	Carretero et al. (2009)

			peso, stwm comprimento e diâmetros do caule, bem como peso e número de folhas, botões número e peso da raiz.	
Grão-de-bico	*Cicer arietinum* L.	Fabáceas	O biocontrolo das podridões radiculares pode ser obtido através da aplicação combinada de *Rhizobium*, *G. intraradices* e *P straita*.	Akhtarand Siddiqui (2008)
Feijão comum	*Phaseolus vulgaris* L.	Fabáceas	*O Glomus intraradices* poderia aumentar a eficiência em	Taj ini et al. (2012)
			eficiência na utilização do fósforo.	
Pepino	*Cucumis sativus* L.	Cucurbitáceas	*Glomus intraradices* e fertilizante com fósforo conferem tolerância a mudas para *Meloidogyne* incognitaby aumentar o crescimento das plantas e controlo da reprodução e da galha nemátodos durante as fases iniciais.	Zhang et al. (2009)
			O Glomus intraradices aumentou o peso dos juvenis das plantas, o peso fresco e seco das raízes e suprimiu o Pythiumrot (*Pythium deliense*).	Kucukyumuk et al. (2014)

Endro	*Anethum graveolens* L.	Apiaceae	*Glomus intraradices* melhorou os óleos essenciais.	Weisany (2018)
Gamhar	*Gmelina aroborea* Roxb.	Lamiaceae	A sua inoculação teve um papel importante ou funcional fitoestabilização através da secreção de um dos glicoproteína e estabiliza o Al no solo, bem como nas raízes de Gamhar.	Dudhane et al. (2012)
Amendoim	*Arachis hypogaea* L.	Fabáceas	Pode melhorar zinco, cálcio, teor de magnésio e manganês no óleo de sementes.	Pawar et al. (2018)
Avelã	*Corylus avellana* L.	Betuláceas	O *Glomus intraradices* influenciou significativamente o crescimento e as trocas gasosas das folhas, bem como a absorção de nutrientes das plântulas de avelã.	Rostamikia et al. (2017)
Feno-grego	*Trigonella foenum -graecum*	Fabáceas	O *Glomus intraradices* contribuiu para diminuição do sal sressby estimulação de Via iónica induzida pelo NaCl.	Evelin et al. (2012)
			Melhorou teor de glomalina rizosférica, causando uma redução na absorção de Zn pelas plantas.	Siani et al. (2017)

Biscoito de fogo	*Crossandra infundibuliformis* L.	Acantáceas	*O Glomus intraradices* tem o potencial de aumentar a produção comercial de flores.	Vaingankar e Rodrigues (2015)
Figo	*Ficus carica* L.	Moráceas	A sua aplicação pode conduzir a diferentes modelos de arquitetura de enraizamento.	Caruso et al. (2021)
Linho	*Linum usitatissimum* L.	Linaceae	*O Glomus intraradices* contribuiu para a atenuação do Ni	Amna et al. (2015)
			toxicidade.	
Ginseng	*Panax ginseng* Meyer	Araliaceae	*Os glomus intraradices* podem aumentar a taxa de colonização das raízes laterais do ginseng, aumentam os níveis de ginsenodies monoméricos e totais, raiz melhorada atividade, polifenol oxidase e actividades de catalase.	Tian et al. (2019)
Lichia	*Litchi chinensis* Sonn.	Sapindáceas	*Os glomus intraradices* tiveram um papel significativo para uma melhor nutrição de P.	Vi senet al. (2017)
Milho	*Zea mays* L.	Poaceae	*O glomus intraradices* pode aumentar o enraizamento colonizações e maior tolerância solúvel a fósforo solúvel.	Fries et al. (1996) Adriano-Anaya et al. (2006) Bidondo et al. (2012)

Oliveiras	*Olea europaea* L.	Oleáceas	*Glomus intraradices* mudou o comunidade microbiana de olivetress rizosfera.	Mechri et al. (2014)
			O glomus intraradices estimulou o perfis de açúcares de oliveiras rizosfera.	Mechri et al. (2014)
			O rendimento do milho bebé foi marcadamente	Yadav et al. (2018)
			mais elevado em *Trichoderma viride + Glomus intraradices +* 75% da dose recomendada de vasos tratados.	
			Glomus intraradices raiz aumentada desenvolvimento num solo pobre em fósforo.	Jimenez-Moreno et al. (2018)
			O glomus intraradices aumentou o número de flores e qualidade.	Jimenez-Moreno et al. (2018)
Cebola	*Allium cepa* L.	Amaryllidaceae	*O Glomus intraradices* é um agente notável na redução da podridão branca *do Allium.*	Jaime et al. (2008)
Ervilha	*Pisum sativum* L.	Fabáceas	Pode ter um efeito positivo no crescimento das plantas.	Wamberg et al. (2003)
Pimenta	*Capsicum annuum* L.	Piperaceae	*O Glomus intraradices* favoreceu a fotossíntese e os valores de	Yolanda et al. (2012)

			fluorescência da clorofila.	
Batata	*Solanum tuberosum* L.	Solanáceas	As raízes da batata foram significativamente colonizadas por *Glomus intraradices*.	Cesaro et al. (2008)
Arroz	*Oryza saliva* L.	Poaceae	O arroz colonizado com esta substância pode aumentar	Herdler et al. (2008)
			rendimento de grãos.	Li et al. (2011)
Rosário	*Rosemarinus officinalis* L.	Lamiaceae	*Glomus intraradices* aumentou o número de folhas, o diâmetro do caule, o óleo e peso fresco do caule.	Bahonar et al. (2016)
Salicórnia	*Atriplex nummularia* L.	Amaranthaceae	*O Glomus intraradices* melhorou positivamente o crescimento.	Plenchette e Duponnois (2005)
Uva de areia	*Vitis rupestris* Scheele	Vitaceae	*O Glomus intraradices* pode ajudar a controlar a doença do pé negro causada por *Cylindrocarpon macrodidymum*.	Petit e Gubler (2006)
Acácia prateada	*Acácia dealbata*	Fabáceas	*Glomus intraradices* favoreceu a solubilização de P e afetou a atividade microbiana na hiposfera das plantas.	Duponnois et al. (2005)
Sorgo	*Sorghum bicolor* L.	Poaceae	*Glomus intraradices* enhancedthe teor de aminoácidos totais e de amoníaco	Abdel-Fattah e Mohamedin (2000)

			folhas.	
			Glomus intraradices planta favorecida crescimentoe modulação da absorção de azoto.	Koegel et al. (2015)
Soja	*Glycine max* L.	Fabáceas	As bactérias solubilizadoras de fosfato Glycine-Glomus podem levar a um aumento da produtividade das culturas, da absorção de nutrientes e da fertilidade do solo.	Bidondo et al. (2011) Suri e Choudhary (2013)
Morango	Fragaria* *ananassa* Duch.	Rosáceas	Tem um impacto significativo nos parâmetros de crescimento.	Palencia et al. (2015)
Tabaco	*Nicotiana tabacum* L.	Solanáceas	Pode ser reconhecido para a fitorremediação reside.	Sudova et al. (2007)
Tomate	*Solanum lycopersicum* L.	Solanáceas	*O glomus intraradices* foi adequado em atenuação da podridão radicular e da coroa *de Fusarium.*	Datnoff et al. (1995)
			Glomus intraradices pode ser aplicado como fator de biocontrolo do fortomato transplantes.	Nemec (1997) Bago et al. (1998) Scervino et al. (2005)
			Glomus intraradices pode modular *Meloidogyne* incognitaon tomate.	Rumbos et al. (2006)
			Seedco A inoculação com *Azospirillum*	Lira-Saldivar et al. (2014)

			brasilense e *Glomus intraradices* melhorou a altura da planta, a área foliar, a biomassa seca e o rendimento do tomate.	
			Glomus intraradices melhorou a biomassa do tomateiro e diminuiu o número de galhas e fator de reprodução nas plantas inoculadas com o nemátodo aquando da transplantação.	Marro et al. (2014)
Trigo	*Triticum aestivum* L.	Poaceae	A inoculação de *Glomus intraradices* pode aumentar o peso seco da planta, o número de grãos por espiga e o peso de mil grãos.	Mohammad et al. (2004)
			A inoculação de *Glomus intraradices* diminuiu a impactos adversos do stress de Ni.	Heidarian et al. (2017)
Trevo branco	*Trifolium repens*	Fabáceas	As composições de foflavonóides das raízes e dos rebentos, na presença ou não de ausência de *Glomus intraradices*.	Ponce et al. (2004)
Hortelã selvagem	*Mentha arvensis* L.	Lamiaceae	Os bio-inoculantes melhoraram a produção de hortelã selvagem e crescimento insalubre	Bharti et al. (2016)

			solo stressado.	
Flor do vento	*Zephyranthes* sPP.	Amaryllidaceae	Inoculação de *glomus intraradices*	Scagel (2003)
			melhorado fósforo e hidratos de carbono e atenuou o azoto e os aminoácidos nos bolbos.	

Trichoderma atroviride

Os Trichoderma specis desempenham papéis dominantes na natureza como promotores do crescimento das plantas e antagonistas de fungos fitopatogénicos (Schubert et al., 2009; Oskiera et al, 2017; Esquivel-Naranjo e Herrera-Estrella, 2020) e, como habitantes da rizosfera, contribuem em interações com outros solos, microrganismos, plantas e artrópodes em múltiplos níveis tróficos (Reithner et al., 2007; Macias-Rodriguez et al., 2020) e podem ser aplicados como biopesticida e agente de biocontrolo (Niznansky et al., 2016). Os membros do género *Trichoderma* também são aplicados em numerosos ramos da indústria, como a produção de enzimas, antibióticos e biocombustíveis (Blaszczyk et al., 2014). A proteína G e a MAPK estão amplamente envolvidas na secreção de metabolitos antifúngicos e na formação de composições de infeção, e a via AMPc ajuda na condição e no enrolamento de *Trichoderma* em fungos patogénicos e dificulta a sua proliferação (Mukhopadhyay e Kumar, 2020). As principais interações *Trichoderma-Plantas* consistem nos seus efeitos na morfologia da planta, impactos na fisiologia da planta, efeitos na solubilização e absorção de nutrientes, melhoria do rendimento, indução de resistência a doenças e tolerância ao stress abiótico (Wuczkowski et al., 2003; Huang et al., 2015; Sood et al., 2020; Zin e Badaluddin, 2020). *O Trichoderma atroviride* pode ser considerado um fator de biocontrolo de agentes patogénicos do solo de espécies de pastagem como *Rhizoctonia solani* (Kuhn), *Pythium ultimum* (Trow) e *Sclerotinia trifoliorum* (Eriks) (Kandula et al., 2015). *O Trichoderma atroviride* foi considerado um candidato a biorremediador de Cu (Yazdani et al., 2009). *Trichoderma atroviride* T17 é um agente de biocontrolo de *Guignardia citricarpa*, que provoca a mancha negra dos citrinos (De Lima et al., 2016), bem como de culturas *de Allium* (McLean et al., 2012). *Trichoderma atroviride* AN240 é a alternativa adequada para o controlo biológico de espécies toxigénicas *de Fusarium* (Blaszczyk et al., 2017), e *Ascosphaera apis* pode ser controlada por *Trichoderm* spp. (Xue et al., 2015). *Trichoderma atroviride* KACC 40557 causou alterações transcricionais e hormonais nas plantas, e mostrou a melhor atividade anti-Phytophthoral (Bae et al., 2016). *Os Trichoderma* são cavalos de batalha fundamentais para a produção de proteínas recombinantes (Wei et al., 2020). A casca tratada com *Trichoderma atroviride* SC1 pode ser uma forma simples e económica de controlar a podridão radicular da Armillaria em bagas (Pellegrini et al., 2014). Os efeitos mais importantes do Trichoderma atroviride em algumas plantas são apresentados no Quadro 7.

Tabela 7- Os ef efeitos de *Trichoderma atroviride* em alguns experimentos culturas tal.

Cultura	Nome científico	Família de plantas	Ponto-chave	Referência
Abacate	*Persea americana* Mill.	Lauraceae	*Trichoderma atroviride* pode controlar a podridão branca da raiz do abacateiro (*Rosellinia necatrix*).	Rosa e Herrera (2009)
			O controlo da podridão branca da raiz do abacate pode ser conseguido por *Trichoderma.*	Ruano-Rosa et al. (2018)
Pepino	*Cucumis sativus* L.	Cucurbitáceas	O revestimento de sementes com *Trichoderma atroviride* TRS25 aumentou a germinação e melhorou o crescimento do pepino plantas.	Szczech et al. (2017)
			Trichoderma atroviride TRS25 controlou o míldio em condições de campo.	Szczech et al. (2017)
Milho	*Zea mays* L.	Poaceae	Espinho do Sul O cancro da folha pode ser controlado por *Trichoderma atroviride* SG3403	Wang et al. (2015)
			Raiz de fungo colonização triggersplant defesa reagiu contra o inseto herbívoro	Contreras-Cornejo et al. (2018)

			S. frugiperda.	
			Trichoderma atroviride enhancedthe taxa de parasitismo de	Contreras-Cornejo et al. (2018)
			Spodoptera por *Campoletis sonorensis*.	
Mostarda	*Brassica juncea* (L.) Coss. Var. foliosa Bailey	Brassicaceae	*Trichoderma* atrovirideF6 podem ser utilizados para a fitorremediação assistida por fungos de solos contaminados por metais orgânicos mistos.	Cao et al. (2008)
Cebola	*Allium cepa* L.	Amaryllidaceae	*Trichoderma* spp. preveniu Fusarium oxysporum f. sp. cepae (FOC) em cultura dupla.	Bunbury-Blanchette e Walker (2019)
Pera	*Pyrus communis* L.	Rosáceas	Revelado maior antagonismo contra *Phytophthora cactorum* em pereira.	Sanchez et al. (2019)
Milheto de pérola	*Pennisetum glaucum* L.	Poaceae	Metabolito secundário de *Trichoderma* spp. pode mostrar-se antimíldio na natureza.	Nandi ni et al. (2021)
Salva vermelha	*Salvia miltiorrhiza* Bunge	Lamiaceae	Um polissacárido homogéneo (PSF-W-1) obtido por *Trichoderma atroviride*, foi responsável pela estimulação do crescimento das raízes peludas *da Salvia miltiorrhiza.*	Wu et al. (2019)
			PSF-W-1	Wu et al. (2019)

			modulou a biossíntese de tanshinones em raízes peludas *de Salvia miltiorrhiza.*	
Azevém	*Lolium multiflorum* L.	Poaceae	*Trichoderma* estimula a resistência contra *Pyricularia* oryzaein azevém.	Arellano et al. (2021)
Morango	Fragaria* *ananassa* L.	Rosáceas	Sentinela que consistia em *Trichoderma atroviride*, como agente de controlo biológico contra o bolor cinzento (*Botrytis cinerea* Pers.)	Robinson-Boyer et al. (2009)
Chá	*Camellia sinensis* L.	Theaceae	O papel eficaz das nanopartículas de sílica e cobre de *Trichoderma* foi encontrado contra cancro do colo e podridão vermelha (*Poria hypolateritia*) doença.	Nate san et al. (2020)
Tomate	*Solanum lycopersicum* L.	Solanáceas	*Trichoderma* atroviridewas encontrado para diminuem significativamente a gravidade da podridão radicular (*Pythium ultimum*), e melhorou a rendimento e componentes do rendimento.	Gravel et al. (2006)
Vinha	*Vitis vinifera* L.	Vitaceae	*Trichoderma atroviride* SC1	Savazzini et al. (2009)

			tem efeitos significativos na microflora do solo.	
Trigo	*Triticum aestivum* L.	Poceae	As interações planta-micróbio podem ser responsáveis pelo apoio aos impactos bioestimulantes de *Trichoderma atroviride* e *Rhizoglomus irregulare*.	Lucini et al. (2019)
			Trichoderma atroviride pode levar à resistência a *Fusarium culmorum*, o principal agente patogénico da podridão da coroa de trigo.	Benyahia et al. (2020)
			Co-cultura *Trichoderma atroviride* e *B. amyloliquefaciens* diminuíram a doença da podridão do trigo causada por *Fusarium graminearum*.	Karuppiah et al. (2020)

PARTE II

Trichoderma reesei

O Trichoderma reesei é um género de fungos filamentosos e uma fonte de celulose superior para aplicações industriais que pode produzir proteínas, incluindo celulases, várias enzimas, hidrofobinas e hemicelulases (Katenkamp et al., 1989; Keshavarz e Khalesi, 2016). A palha de arroz de resíduos agrícolas tem sido aplicada para a produção de enzimas de celulose necessárias para a produção de bioetanol através de *Trichoderma reesei* (Panda e Maiti, 2019). A inoculação de *Trichoderma reesei* e a sua interação simbiótica com plantas de trigo melhoraram o crescimento e fortaleceram as plantas hospedeiras contra os impactos negativos da salinidade, uma vez que *Trichoderma reesei* consiste em IAA e GA dentro da planta hospedeira (Ikram et al., 2019).

O Trichoderma reesei como biofertilizante melhorou as condições de deficiência de nutrientes em diferentes cultivares de arroz e foi o melhor candidato a ser utilizado como biofertilizante adequado no cultivo de arroz (Singh et al., 2019). Foi encontrado um impacto sinérgico nos resíduos de chá para a absorção do metal pesado Cr(VI) a partir de celulases *de Trichoderma reesei* (Ng et al., 2013).

Heteroconium chaetospira

A partir das raízes da couve chinesa, foi isolado o fungo endofítico radicular *Heteroconium chaetospira* (Yonezawa et al., 2004), que penetra através das células epidérmicas exteriores do seu hospedeiro, passa para o córtex interior e cresce em todas as células corticais, incluindo as da região da ponta da raiz, sem causar sinais patogénicos aparentes (Hashiba e Narisawa, 2005). *A Heteroconium chaetospira* pode fornecer azoto à planta, mais do que a planta mineraliza o azoto orgânico disponível (Ohki et al., 2002; Usuki e Narisawa, 2007). O tratamento com *Heteroconium chaetospira* pode controlar doenças causadas por *Pseudomonas syringae* pv. *macricola* e *Alternaria brassicae* nas folhas (Hashiba e Narisawa, 2005). As plântulas de couve chinesa provenientes de sementes tratadas com *Heteroconium chaetospira* promoveram o crescimento (Narisawa et al., 1998). Um fungo endofítico, *Heteroconium chaetospira* isolado BC2HB1 (Hc), controlou a broca (*Plasmodiophora brassicae-Pb*) na canola em ensaios de crescimento em gabinete (Lahlali et al., 2014). Narisawa et al. (2005) também relataram que *Heteroconium chaetospira* é um potente agente de biocontrolo contra o clubroot em couve chinesa numa gama de humidade do solo baixa a moderada.

Bactérias

Artherobacter spp.

Espécies de *Arthrobacter*, Gram positivas, quimioorganotróficas e aeróbias obrigatórias, que são normalmente encontradas entre as bactérias do solo (Pasciak et al., 2010; Orlandini et al., 2014). É uma bactéria aeróbica dominante da classe das *Acinobactérias* e da família *Micrococcaceae* (Eschbach et al., 2003; Comi e Cantoni, 2011; Mukhia et al., 2021), e a sua versatilidade nuritonal é a principal caraterística das artrobactérias (Cacciari e Lippi, 1987). As capacidades de redução do Cr(VI) são as mais famosas e atractivas *na* bioremediação *in situ* (Dey e Paul, 2018; Field et al., 2018). A biomassa de *Arthrobacter protophormiae* foi aplicada para destacar Cd (II) de uma solução aquosa (Wang, 2013). *Arthrobacter echigonensis* MN1405 ajudou a *Phytolacca acinosa* Roxb. a obter alta eficiência de remediação da remoção e acumulação de Mn na área de contaminação por Mn (Li et al., 2016). Os impactos mais importantes de Artherobacter spp. em algumas culturas são apresentados no Quadro 8.

Quadro 8- Efeitos de *Artherobacter* spp. nas culturas experimentais.

Cultura	Nome científico	Família de plantas	Ponto-chave	Referência
Colza	*Brassica napus* L.	Brassicaceae	*Arthrobacter globiformis* pode aumentar os compostos fenólicos, as actividades enzimáticas da superóxido dismutase e da fenilalanina amónia-liase sob stress salino.	Stassinos et al. (2021)
Morango	Fragaria* *ananassa*	Rosáceas	Os compostos voláteis *de Arthrobacter agilis* UMCV2 promovem a germinação do aquénio do morango e estimulam positivamente o crescimento do morango *in vitro*.	Hernandez-Soberano et al. (2020)
Cana-de-açúcar	*Saccharum officinarum* L.	Poaceae	*Arthrobacter* sp. estirpeGZK-1 poderia ser uma solução potencial para o remediação de solos agrícolas poluídos com s-triazinas.	Getenga et al. (2009)
Tomate	*Lycopersicon esculentum* L.	Solanáceas	*Arthrobacter* sp. isolado de A rizosfera do tomateiro mostrou	Banerjee et al. (2010)

			capacidade de solubilização de fosfato, um promotor de crescimento de plantas e actividades de biocontrolo, incluindo indole	
			ácido acético (IAA).	
			As estirpes de *Arthrobacter* TF1 e TF7 podem aumentar a germinação das sementes, o comprimento das plântulas, o índice de vigor, o peso fresco e seco das plantas sob stress salino.	Fan et al. (2016)
Trigo	*Triticum aestivum* L.	Poaceae	Uma estirpe C2 de *Arthrobacter* sp. podia degradar eficazmente a atrazina em meio de sais minerais e no solo.	Cao et al. (2021)
			Uma estirpe C2 de *Arthrobacter* sp. poderia diminuir a toxicidade de atrazina.	Cao et al. (2021)

Acinetobacter spp.

Acinetobacter spp. são *coccobacilos* gram-negativos, não móveis, aeróbicos, oxidase negativos, sem capacidade de fermentação de glicose, que podem ser descobertos numa variedade de ambientes (Wu et al., 2018; Koizumi et al., 2019; Benoit et al., 2020; Gallagher e Baker, 2020). Pode fixar nitrogênio, produzir sideróforos, solubilizar minerais e até mesmo servir como epífitas ou endófitos de plantas que podem ajudar os hospedeiros a destacar os poluentes e tolerar estresses ambientais (Khaksar et al., 2017; Ho et al., 2020). As caraterísticas que promovem o crescimento das plantas de *Acinetobacter* spp. são IAA, solubilização de fosfato e sideróforos (Rokhbakhsh-Zamin et al., 2011; Lin et al., 2018). Eles são gordos, curtos, tipicamente 1,0-1,5 цт por 1,5-2,5 цт de tamanho durante a fase rápida de seu crescimento (Jung e Park, 2015; Almasaudi, 2018). *Acinetobacter* spp. pode promover um maior crescimento das plantas e teor de fósforo, e aumentar o conteúdo fenólico das plantas, a eliminação de radicais e a atividade antioxidante (Joe et al., 2016). Rokhbakhsh-Zamin et al. (2011) também descobriram que *Acinetobacter* sp. PUCM1022 aumentou significativamente o comprimento da raiz, a altura do rebento e o peso seco da raiz de plântulas de milheto. *A Acinetobacter* sp. TX5 tem uma aptidão especial para a remoção de nitritos com a capacidade de suprimir a acumulação de N_2O (Sun et al., 2021). Os óleos essenciais de *Citrus limon* e *Cinnamomum zeylanicum* podem ter impacto no crescimento de espécies de *Acinetobacter* e podem ser uma fonte de metabolitos com atividade modificadora antibacteriana (Guerra et al., 2012). A *Acinetobacter* sp. XS21 removeu eficazmente o arsenito da fração solúvel permutável e diminuiu a sua mobilidade no solo (Karn e Pan, 2016). Foi relatado que estirpes de *Acinetobacter calcoaceticus* de soja e canola melhoram o crescimento das plantas (Prashant et al., 2009), e Kang et al. (2012) consideraram-na uma rizobactéria promotora do crescimento das plantas e uma estirpe produtora de giberelinas. Foi relatado que o uso de bactérias como *Acinetobacter* sp. pode melhorar significativamente o rendimento e os componentes do rendimento do arroz (Vaid et al., 2014), *Arabidopsis thaliana* (Betoudji et al., 2020), tomate (Reyes-Castillo et al., 2019) e trigo (Sachdev et al., 2010). Os parâmetros melhorados de crescimento de plântulas das sementes de culturas tratadas de *Vigna radiate*, *Vigna unguiculata*, *Abelmoschus esculentus* e *Dolichos lablab* mostraram o potencial único de Acinetobacter sp. RSC7 a ser aplicado numa formulação de biofertilizante em sistema de produção sustentável (Patel et al., 2017). A estirpe *Acinetobacter calcoaceticus* DD161 tem a atividade inibitória mais forte contra a *Phytophthora sojae* 01 na soja (Zhao et al., 2018). *Acinetobacter* sp. estirpe Xa6 pode ser utilizada como controlo biológico contra Ralstonia wilt (*Ralstonia solanacearum*), bem como aumentar o rendimento final do tomate (Xue et al., 2009). A estirpe SG-5 *de Acinetobacter* sp. é um candidato potencial para planos de remediação de metais, especialmente Cd em partes de plantas comestíveis, bem como promotores de crescimento de plantas (Abbas et al., 2020).

Enterobacter spp.

O género *Enterobacter* é um membro da família *Enterobacteriaceae* dentro da classe Gammaproteobacteria (Gupta et al., 2020; Shi et al., 2020; Gao et al., 2021; Xiao et al., 2021); a família Enterobacteriaceae é constituída por muitas bactérias, tais como *Escherichia coli*, *Klebsiella* spp. e *Enterobacter* spp. (Burst et al., 2019). Abiala e Odebode (2015), e Mowafy et al. (2021) relataram que as espécies de *Enterobacter* poderiam ser aplicadas como bio-inoculante para a saúde e o crescimento das plântulas de milho. A sua inoculação pode resultar numa maior nodulação das raízes, peso, número e comprimento das vagens na soja (Yasmeen e Bano, 2014). *Enterobacter cloacae* é uma bactéria Gram-negativa ubíqua, em forma de bastonete e anaeróbica facultativa (Garcia-Gonzalez et al., 2018), que tem sido relatada para impulsionar o crescimento das plantas e o rendimento das culturas (Hinton e Bacon, 1995; Liu et al., 2007; Ren et al., 2010; Taghavi et al.,

2010). *A Enterobacter cloacae* CAL3 pode ser aplicada como uma bactéria promotora do crescimento das plantas com impactos positivos no crescimento do feijão mungo, do pimento e do tomate (Mayak et al., 2001). *A Enterobacter cloacae* MSR1 apresentou caraterísticas de promoção do crescimento das plantas e pode ser desenvolvida como um biofertilizante ecológico para *Pisum sativum* (Khalifa et al., 2016). *Enterobacter cloacae* EMB19 pode ser aplicado para a redução de Zn (II) e outros metais pesados do ambiente contaminado (Bhattacharya et al., 2019). *Enterobacter* sp. MN17 e o revestimento de sementes com Zn aumentaram a rentabilidade, a produtividade, o Zn biodisponível e a qualidade dos grãos do grão-de-bico Kabuli (Ullah et al., 2020). *Enterobacter cloacae* CTWI-06 diminuiu 94% do Cr(VI) e pode melhorar significativamente o crescimento e a produtividade das plantas de arroz (Pattnaik et al., 2020). A estirpe RNT10 de *Enterobacter* sp. foi utilizada como nanofábrica para sintetizar ZrONPs, e os ZrONPs poderiam ser substituídos por agentes antifúngicos sintetizados quimicamente para o controlo da doença da ferrugem do ramo em bayberry (Ahmed et al., 2021). Um agente potencial para suprimir a podridão branca da raiz causada por *Rigidoporus microporus* e melhorar o crescimento de mudas de borracha é *Enterobacter* sp. UPMSSB7 e micorrizas com silício (Shabbir et al., 2021). *Enterobacter cloacae* estimulou o crescimento da planta por acumular mais Cd mobilizável, particularmente na rizosfera de *Solanum nigrum* L. (Xu et al., 2020). A utilização combinada de Enterobacter sp. MN17 e biochar recuperou os impactos desfavoráveis do Cd em *Brassica napus* (Sabir et al., 2020). A estirpe CPSB49 de *Enterobacter* sp. revelou capacidade de promoção do crescimento das plantas e aumentou a absorção de crómio nas raízes e rebentos de *Helianthus annuus* L. (Gupta et al., 2019). *Enterobacter* sp. mostrou um aumento significativo nos caracteres morfo-bioquímicos do crescimento de mudas de arroz sob estresse de Cd (Mitra et al., 2018; Pramanik et al., 2018; Sarkar et al., 2018). *Enterobacter cloacae* TMX-6 poderia ser inoculado e translocado no arroz através das raízes, e aumentou a taxa de degradação do tiametoxam nas plantas de arroz (Zhan et al., 2021). *Enterobacter* sp J49 desenvolveu o crescimento de culturas de amendoim e milho, e também melhorou o teor de fósforo na planta (Luduena et al., 2019). *Enterobacter ludwigii* EB4B aumentou significativamente o peso seco do tomate e o comprimento da raiz, bem como o controlo de Fusarium oxysporum f.sp.*radicis-lyco-persici* (FORL) (Bendaha e Belaouni, 2020). Prajapati e Modi (2016) relataram que *Enterobacter hormoechei* KSB-8 melhorou significativamente a floração, a frutificação, a maturação dos frutos, o teor de clorofila do pepino, o teor de K e o comprimento da raiz. *Enterobacter roggenkampii* ED5 foi relatado como um colonizador proficiente em cana-de-açúcar e aumentou o crescimento da cana-de-açúcar em estufa (Guo et al., 2020).

Pseudomonas spp.

Os membros do género *Pseudomonas*, têm papéis notáveis no solo e na biosfera (Onal et al., 2020), pertencentes ao filo Proteobacteria, constituíram o género mais abundante de bactérias gram-negativas (BQ) quenching, particularmente nas rizosferas de todas as amostras de plantas (Wu et al, 2010; Jayamohan et al., 2018; Nazirkar et al., 2020; Samarzija e Zamberlin, 2020), e reconhecidas como factores de biocontrolo versáteis contra agentes patogénicos não bacterianos e bacterianos, tais como *Pectobacterium carotovorum* subsp. *carotovorum* (Pcc) (Alymanesh et al., 2016). *Pseudomonas graminis* CPA-7 contra *Salmonella* spp. e *Listeria monocytogenes* em pera recém-cortada em condições de ar (Iglesias et al., 2018).

As Pseudomonas spp. podem colonizar o tecido vegetal ou o interior das raízes, o que pode diminuir os impactos do stress ambiental nas plantas, ajudando na aquisição de nutrientes, estimulando os níveis de hormonas vegetais, incluindo a acumulação de osmólitos e antioxidantes, e regulando para cima ou para baixo os genes relacionados com o crescimento das plantas (Mercado-Blanco e Bakker, 2007; Subhashini e Padmaja, 2011; Rajkumar et al., 2017). Phytophthora capsici é o patógeno peronosporomiceto mais devastador que causa amortecimento e ferrugem em muitas culturas vegetais, como cucurbitáceas e pimentão, em todo o mundo, resultando em graves perdas económicas (Zohara et al., 2016). *Pseudomonas* spp. MCC 3145 pode tolerar o stress biótico e abiótico, bem como ter competência fungicida e citostática para uso terapêutico e para a produção sustentável de culturas (Patil et al., 2017). A combinação de experiências *in vitro* e em estufa indicou estirpes *de Pseudmonas* benéficas eficazes que podem melhorar a qualidade das culturas ornamentais em condições de limitação de recursos (Nordstedt et al., 2020). Os voláteis de *Trichoderma* spp. diminuíram o crescimento de *Sclerotinia sclerotiorum* (Ojaghian et al., 2019). *Pseudomonas* spp. endofíticas foram encontradas em raízes de *Brassica napus* L. (Misko e Germida, 2002), raízes e rizosfera de *Calystegia soldanella* L. (Park et al., 2005), caules de *Citrus sinensis* L. (Lacava et al, 2006); folhas e bagas de *Coffea arabica* L. (Vega et al., 2005), partes aéreas de *Croccus albiflorus* Kit (Reiter e Sessitsch, 2006), raízes de *Daucus carota* L. (Surette et al., 2003), raízes e rizosfera de *Elymus mollis* Trin. (Park et al, 2005), folhas, caules e raízes de *Glycine max* L. (Kuklinsky- Sobral et al., 2005), raízes de *Gossypium hirsutum* L. (Mcinroy e Kloepper, 1995), caules e raízes de Oryza sativa L. (Adhikari et al, 2001), caules de *Pisum sativum* L. (Elvira-Recuenco e Van Vuurde, 2000), caules e raízes de *Solanum tuberosum* L. (Garbeva et al., 2001; Berg et al., 2005), caules e raízes de *Ulmus* spp. (Mocali et al., 2003), e seiva do xilema de Vitis vinifera L. (Bell et al., 1995). Os efeitos mais importantes de Pseudomonas spp. em culturas experimentais são indicados no Quadro 9.

Quadro 9- Impactos de *Pseudomonas* spp. em algumas culturas.

Cultura	Nome científico	Família de plantas	Ponto-chave	Referência
Banana	*Musa* spp.	Musáceas	Inoculação de rizobactérias *Bacillus*	Gamez et al. (2019)

			amyloliquefaciens Bs006e *A Pseudomonas fluorescens* Ps006 poderia ser aplicada na formulação de um novo biofertilizante.	
Blackgram	*Vigna mungo* L.	Fabáceas	*Pseudomonas fluorescens* Pf1 e CHAO conduzem a uma resistência sistémica contra o crinklevirus da folha do feijão (ULCV) em programa preto.	Karthikeyan et al. (2009)
Cominho preto	*Nigella sativa* L.	Ranunculáceas	*Pseudomonas fluorescens* (PF1, PF2) e *P aeruginosa* (PF3) melhoraram as sementes produção e pode prevenir as doenças da podridão radicular.	Al-Sman et al. (2019)
Sementes de mostarda preta	*Brassica juncea* (L.) Czern.	Brassicaceae	*B. juncea* e *Pseudomonas fluorescens* poderiam melhorar a qualidade das plantas crescimento e melhorar o metal do solo biodisponibilidade.	Fuloria et al. (2009)
Mirtilo	*Vaccinium corymbosum* L.	Ericaceae	Bacilluse *Pseudomonas* spp. podem impedir o crescimento de *Botrytis cinerea* e *Alternaria alternata*.	Kurniawan et al. (2018)
			Lipopeptídeos de artrofactina estimulados por *Pseudomonas* spp.	Kurniawan et al. (2018)
Castor	*Ricinus communis* L.	Euphorbiaceae	*Pseudomonas aeruginosa* MAJPIA03had mecanismo útil para impulsionar o crescimento das plantas, bem como a nutrição das folhas melhoria.	Sandilya et al. (2017)
Grão-de-bico	*Cicer arietinum* L.	Fabáceas	*Pseudomonas fluorescens* e *P* aeruginosacan apoiar o *Fusariumwilt* , estimular a crescimentoe colonizaram as raízes do grão-	Saikia et al. (2005)

			de-bico.	
			Pseudomonas citronellolis (KM594397) conduziu a uma melhoria do crescimento do grão-de-bico sob stress de arsénio.	Adhikary et al. (2019)
Pimenta malagueta	*Capsicum annuum* L.	Solanáceas	*A Pseudomonas aeruginosa* revelou quase 100% de inibição da esporulação de germinação de *Colletotrichum truncatum in vitro*.	Sandani et al. (2019)
			Pseudomonas aeruginosa KR270346e O KR270347 tinha o potencial de promover o crescimento das plantas.	Linu et al. (2019)
Feijão comum	*Phaseolus vulgaris* L.	Fabáceas	*Pseudomonas extremorientalis* TSAU20e *Pseudomonas chlororaphis* TSAU13pode ser planta estimulante crescimento do feijão em condições de stress.	Egamberdieva (2011)
Algodão	*Gossypium hirsutum* L.	Malvaceae	As estirpes *de Pseudomonas* spp. poderiam ajudar no biocontrolo de	Erdogane Benlioglu (2010)
			Verticillium dahliae e aumentar os parâmetros de crescimento.	
			A Pseudomonas aeruginosa Z5 foi a melhor candidata a bioinoculante para controlar o crescimento da raiz de algodão. patogénico fúngico associado.	Yasmin et al. (2014)
Pepino	*Cucumis sativus* L.	Cucurbitáceas	*Pseudomonas putida* (P3-57) diminuição dos teores de nitrato, Zn, Mg, Mo, Sr, Ba e Li em frutos de pepino.	Kafi et al. (2021)
			Pseudomonas putida (P3-57) melhorou o índice de aceitação global dos frutos.	Kafi et al. (2021)
			A Pseudomonas putida (P3-57) pode reforçar o sistema imunitário das plantas através das vias I SR e SAR, e	Kafi et al. (2021)

			diminuir os fertilizantes NPK.	
Eucalipto	*Eucalyptus globulus* Labill.	Myrtaceae	*A Pseudomonas fluorescens* WCS417r controlou de forma notável a murchidão bacteriana causada por *Ralstonia solanacearum*, e *a Pseudomonas putida* WCS358r foi aproximadamente eficaz.	Ran et al. (2005)
Fava	*Vicia faba* L.	Fabáceas	*Pseudomonas syringae pv. A phaseolicola* pode ser	Amijee et al. (1992)
			utilizadas para o biocontrolo da doença do míldio do halo	
			A Pseudomonas fluorescens apresentou um elevado nível de biocontrolo atividade contra *Orobanche foetida*, e *Orobanche crenata*.	Zermane et al. (2007)
			A estirpe Nc1-2 de *Pseudomonas marginalis* mostrou também uma tendência para diminuir a incidência de *O. crenata* e para melhorar o desempenho da fava.	Zermane et al. (2007)
Milho painço	*Eleusine coracana* (L.) Gaertn.	Poaceae	*Pseudomonas* spp. melhorada planta fitnesspor protegendo-a dos danos oxidativos causados pela seca.	Chandra et al. (2018)
Videira	*Vitis* spp.	Vitaceae	*Pseudomonas* fluorescensestirpe Pf1markedly estimulou a incidência de o oídio.	Sendhilvel et al. (2007)
			Pseudomonas sp. estirpe MP 12 estimulou a atividade antifúngica in vivo contra *Botrytis* cinérea folhas de videira.	Andreolli et al. (2019)
Feijão-mungo	*Vigna radiata* (L.) Wilczek	Fabáceas	*A Pseudomonas fluorescens* teve efeitos positivos na altura da planta, na fertilidade do pólen, na fertilidade das raízes	Tiyagi et al. (2011)

			e na qualidade do solo. nodulação e	
			teor de clorofila, e o controlo biológico do solo. nemátodos patogénicos que afectam o feijão-mungo.	
			A estirpe PS1 de *Pseudomonas aeruginosa* apresentou um novo crescimento de plantas regulação das caraterísticas fisiológicas.	Ahemadand Khan (2012)
			O tratamento de sementes com *Pseudomonas fluorescens* modulou os teores de NPK e o seu rendimento sem infestação por nemátodos.	Khan et al. (2016)
			Pseudomonas spp. sinergizou com *Bradyrhizobium*, e melhorou a nodulação, Lb componentes e populações de rizóbios.	Khan et al. (2016)
			O tratamento com *Pseudomonas fluorescens* diminuiu os efeitos nativos do nemátodo em feijão-mungo.	Khan et al. (2016)
Alcachofra de Jerusalém	*Helianthus tuberosus* L.	Asteraceae	A estirpe JK2 de *Pseudomonas* spp. teve um impacto fungicida significativo sobre *Aspergillus tamari, Fusarium solani* e *Aspergillus fumigatus*.	Jin et al. (2013)
Bálsamo de limão	*Melissa officinalis* L.	Lamiaceae	Preparação das sementes e inoculação de influenciaram sinergicamente o crescimento da erva-cidreira.	Hatami et al. (2021)
			Pseudomonas spp. aumentaram o Índices de biomassa de plantas de erva-cidreira emitidas a partir de *n* sementes preparadas com Si-.	Hatami et al. (2021)
Lentilha	*Lens Culinaris* L.	Fabáceas	A mistura de *Pseudomonas* e *Rhizobium* teve um impacto positivo no desenvolvimento	Mishra et al. (2011)

			das plantas, na absorção de nutrientes e na qualidade do sistema radicular.	
			A Pseudomonas fluorescens foi eficaz no crescimento das plantas, no rendimento final e no teor de nutrientes das sementes de lentilha.	Erdemci (2020)
Milho	*Zea mays* L.	Poaceae	A inoculação com *Pseudomonas fluorescens* biótipo G (N3) teve impactos significativos no crescimento e rendimento das plantas inoculadas.	Shaharoona et al. (2006)
			Pseudomonas putida GAP-P45 teve efeitos significativos no estado fisiológico das plântulas, e crescimento sob stress de seca.	Sandhya et al. (2010)
Azeitona	*Olea europaea* L.	Oleáceas	Tratamento de raízes de oliveiras com selecionado	Mercado-Blanco et al. (2004)
			A Pseudomonas fluorescens separada durante a propagação em viveiro pode ajudar no biocontrolo de *Verticillium dahliae* em oliveira.	
Organo	*Origanum vulgare* L.	Lamiaceae	A aplicação de orégãos A interação com Pseudomonas spp. é adequada para evitar a vitrificação e aumentar a eficiência do tecido vegetal *in vtro* propagação.	Shettyetal . (1995) Shettyetal . (1996)
Ervilha	*Pisum sativum* L.	Fabáceas	*A Pseudomonas* spp. que consiste em ACC-Deaminase pode diminuir o impacto do stress da seca no crescimento, rendimento e maturação da ervilha.	Ar shad et al. (2008)
			O isolado Pf1 de *Pseudomonas* pode ser utilizado para o biocontrolo de *Meloidogyne incognita.*	Siddiqui et al. (2009)
			Tolerante ao frio *Pseudomonas* sp. estirpePGERs17	Mishra et al. (2012)

			pode ser aplicado como bioinoculante juntamente com *Rhizobium leguminosarum* - PR1 para aumentar a aquisição de ferro, a absorção de nutrientes ou o crescimento das plantas.	
Amendoim	*Arachis*	Fabáceas	*Pseudonomas*	Gupta et al.
	hypogaea L.		*aeruginosa* P4 pode regular o amendoim crescimento, funcionamento do sistema radicular e fisiologia de defesa.	92020)
Milheto de pérola	*Pennisetum glaucum* (L.) R. Br.	Poaceae	A biopreparação de sementes de milho-miúdo com *Pseudomonas fluorescens* isolada conduziu a um aumento significativo do crescimento das plantas e estimular a resistência ao míldio doença causada pelo fungo *Sclerospora graminicola.*	Raj et al. (2004)
Pimenta	*Capsicum annum* L.	Solanáceas	*Pseudomonas chlororaphis PA23 Pythium aphanidermatum* poderia melhorar crescimento de plântulas de pimentão.	Nakkeeran et al. (2006)
			Pseudomonas frederiksbergensis, estirpe OB 139, e *Pseudomonas vancouverensis*, estirpe OB 15 5, aumentou as propriedades fisiológicas das plantas sob stress de salinidade.	Samaddar et al. (2019)
Ervilha-de-pombo	*Cajanus cajan* L. Millsp.	Fabáceas	A estirpe P17 de *Pseudomonas* spp. revelou uma promoção significativa do crescimento em termos de massa seca, clorofila e comprimento da raiz,	Kumar et al. (2015)
			hidratos de carbono, azoto, ferro, cálcio, e manganês.	
Ananás	*Ananas comosus* (L.)	Bromeliaceae	*Trichoderma* pode controlar pragas de nemátodos, e	Kiriga et al. (2018)

	Merr.		colonizam endofiticamente raízes de ananás.	
Pistácios	*Pistacia vera* L.	Anacardiaceae	A estirpe VUPf428 de *Pseudomonas* pp. pode suprimir os nemátodes-das-galhas-radiculares em Pistácios.	Khatamidoost et al. (2015)
Rajmash	*Phaseolus vulgaris* L.	Fabáceas	*Pseudomonas lurida-NPRp15* e *Pseudomonas putida-PGRs4* foram adequadas para impulsionar o crescimento e o rendimento da rajmash.	Mishra et al. (2014)
Arroz	*Oryza sativa* L.	Poaceae	*Pseudomonas fluorescens* estirpes PF1, TDK1e PY15 aumentou o rendimento do grão e controlo biológico do nemátodo das galhas do arroz *Meloidogyne graminicola*.	Seenivasan et al. (2012)
			A Pseudomonas fluorescens PW-5 conduziu a um máximo de rebentos, raízes e peso seco.	Deshwaland Kumar (2013)
Sésamo	*Sesamum indicum* L.	Pedaliaceae	*Pseudomonas* fluorescenscan aumento da colheita	Sabannavar e Lakshman (2011)
			produção e melhorarplanta crescimento.	
Sorgo	*Sorghum bicolor* L.	Poaceae	A estirpe P*seudomonas* sp. P17 foi reconhecida como uma potencial planta promoção do crescimento para o crescimento das plantas e a absorção de nutrientes.	Praveen Kumar et al. (2012)
			A Pseudomonas fluorescens teve efeitos significativos no comprimento dos rebentos e das raízes do capim-sudão.	Shim et al. (2014)
Soja	*Glycine max* L.	Fabáceas	*Pseudomonas* aeruginosacan aumentou a altura das plantas e o peso fresco dos rebentos, bem como suprimiu a podridão radicular da soja.	Ehteshamul-Haque et al. (2007)
Cana-de-açúcar	*Saccharum officinarum* L.	Poaceae	As estirpes de *Pseudomonas* CHAO, EP1, KKM1 e VPT4 tiveram um efeito positivo contra *Colletotrichum falcatum*.	Viswanathan e Samiyappan (2008)
			As estirpes KKM1 e CHAO	Viswanathan e

			controlaram a doença da podridão vermelha.	Samiyappan (2008)
			O tratamento com *Pseudomonas* spp. aumentou substancialmente a qualidade do sumo de cana parâmetros.	Viswanathan e Samiyappan (2008)
Girassol	*Helianthus annuus* L.	Asteraceae	*Pseudomonas* putidaGAP-P45 poderia melhorar	Sandhya et al. (2009)
			tolerância ao stress hídrico e aumento da agregação e água relativa nas folhas.	
			Pseudomonas sp. estirpeAF-54 contendo várias plantas crescimento caraterísticas promotoras, que podem estimular a cultura do girassol rendimento e aliviar a aplicação de fertilizantes químicos.	Majeed et al. (2018)
			Crescimento e resiliência de girassol por *Pseudomonas entomophila* PE3 tolerante ao sal em solo salino.	Fátima e Arora (2021)
Agrião de Thale	*Arabidopsis thaliana* L.	Brassicaceae	*Pseudomonas* PS01 pode aumentar Germinação e taxa de sobrevivência de *Arabidopsis thaliana* sob stress salino.	Chu et al. (2019)
Tomate	*Solanum lycopersicum* L.	Solanáceas	As estirpes Pa8 e Pa9 de *Pseudomonas* aeruginosa indicaram uma elevada produção de IAA e pode ser recomendado como o adequado o biocontrolo de Meloidogyne incognita.	Singhand Siddiqui (2010)
			Estirpe *de Pseudomonas fluorescens*	Mukheij ee Babu (2013)
			O BICC602 controla o nemátodo das galhas (*Meloidogyne incognita*).	
			Pseudomonas chlororaphis e *Pseudomonas fluorescens*	Olanya et al. (2015)

			podem ser adequadas contra estirpes *de Salmonella* como aplicação pós-colheita e reduções de agentes patogénicos.	
			As estirpes OFT2 e OFT5 *de* *Pseudomonas* sp. melhoraram a absorção de iões e o crescimento sob stress por salinidadc.	Win et al. (2018)
			Pseudomonas spp. VBZ4 e *P* stutzeriVBZ17 pode levar a fornecer suficienteZn biodisponibilidade para aumentar a planta crescimento.	Karnwal (2020)
			Pseudomonas aeruginosa, *Pseudomonas* syringae *e* *Pseudomonas fluorescens* modulou o crescimento de genótipos de tomate e podem ser recomendados como agentes activos de biocontrolo da murchidão bacteriana do tomateiro.	Mohammad et al. (2020)
			Pseudomonas protegens Sneb1997 estimulou a	Zhao et al. (2021)
			crescimento de plantas de tomate e actuou como potencial sobre o nemátodo das galhas.	
Trigo	*Triticum aestivum* L.	Poaceae	*As Pseudomonas reactans* foram as canadianas adequadas colonizadores eficazes de plântulas de trigo com 48 horas de idade.	Oksinska et al. (2011)
			Pseudomonas fluorescens pode ser recomendada como biocontrolo de uma doença radicular.	Kwak et al. (2012)
			Rhizobiume *Pseudomonas* plus com P2O5 é benéfico para o ambiente e economicamente produtivo.	Afzal et al. (2014)

***Ochrobactrum* spp.**

Ochrobactrum spp. pertence à família *Brucellaceae* (Zhang et al., 2021), e classe-alfa-proteobactéria (Cheng et al., 2009; Ibrahim, 2018; Gohil et al., 2020), geralmente encontrada no solo, juntamente com as raízes das plantas (Alonso et al., 2017; Sigida et al., 2020; Szpakowska et al., 2020). Aujoulat et al. (2019) relataram que *Ochrobactrum* é frequentemente encontrado em sistemas simbióticos de nematóides entomopatogénicos. Uma nova estirpe *de Ochrobactrum intermedium* produziu biossurfactante glicolipopeptídico (Bezza et al., 2015). Ochrosin, um biossurfactante multifuncional, produzido por *Ochrobactrum* sp. BS-206 indicando atividades antimicrobianas, anti-adesivas, antifeedantes e inseticidas favoráveis (Kumar et al., 2014). *Ochrobactrum* sp. MPV1 é um candidato promissor para a bioconversão de oxiânions tóxicos, incluindo selenito e telurito, em suas respectivas formas elementares, produzindo Se intracelular e TeNPs possivelmente disponíveis em aplicações biomédicas e industriais (Zonaro et al., 2017). A fonte de azoto única e mista pode ser removida pelo *Ochrobactrum anthropic* LJ81, o que pode ser promovido pelo aumento do nitrito e do nitrato (Lei et al., 2019). *Ochrobactrum anthropic* DE2010 mostrou uma grande tolerância e um alto valor de capacidade de remoção para Cr (III), bem como eficaz na imobilização de Cr (III) (Villagrasa et al., 2020). O *Ochrobactrum* tem a eficácia de biossorção superior ao cobre, que envolveu adsorção de superfície, biorredução e quelação extracelular (Peng et al., 2019). *O Ochrobactrum* JAS2 isolado do solo da rizosfera de arroz mostrou proficiências significativas de produção de amoníaco, cianeto de hidrogénio (HCN) e ácido indol acético (IAA) com tremendas capacidades promissoras de crescimento vegetal (Abraham e Silambarasan, 2016). Zhao et al. (2012) introduziram *Ochrobactrum haematophiulm* como biofertilizante e biopesticida e substituto notável para o uso de fertilizantes químicos e pesticidas na agricultura. *Ochrobactrum ciceri* e *Ochrobactrum sytisi* são isolados de nódulos *de* Cicer (Imran et al., 2010) e de nódulos *de Cystisus* (Zurdo-Pineiro et al., 2007), respetivamente, enquanto *Ochrobactrum endophyticum* e Ochrobactrum *grignonese* são isolados de raízes de *Glycyrrhiza* (Li et al., 2016) e de raízes de trigo (Lebuhn et al., 2000), respetivamente. *Ochrobactrum lupine* isolado da rizosfera *de Lupinus albus* (Trujillo et al., 2005; Volpiano et al., 2019) e *Ochrobactrum oryzae* da rizosfera do arroz (Tripathi et al., 2006). *Ochrobactrum quorumnocens* e *Ochrobactrum rhizosphaerae* são isolados da rizosfera da batata (Kampfer et al., 2008; Krzyzanowska et al., 2019), e *Ochrobactrum tritici* isolado do solo da raiz da rizosfera do trigo (Lebuhn et al., 2000). *Ochrobactrum lupini* KUDC1013 consistiu em resistência sistémica contra a mancha bacteriana causada por *Xanthomonas axonopodis* pv. *vesicatoria* no pimento e resistência contra a podridão da mancha foliar causada por *Pectobacterium carotovorum* subsp. *carotovorum* no tabaco (Ham et al., 2009; Hahm et al., 2012). Na Tabela 11 são apresentados os impactos mais notáveis de *Ochrobactrum* spp no crescimento e rendimento de algumas culturas experimentais.

Quadro 11- Os efeitos mais importantes de *Ochrobactrum* spp. nas plantas.

Cultura	Nome científico	Família de plantas	Ponto-chave	Referência
Feijão comum	*Phaseolus vulgaris* L.	Fabáceas	Plantas de feijão-comum com A inoculação com *Ochrobactrum* sp. Pv2Z2 pode levar a um aumento do peso fresco e seco, da altura da planta, bem como aumentar a absorção de azoto.	Imran et al. (2014)
Pepino	*Cucumis salmis* L.	Cucurbitáceas	*Ochrobactrum* sp. NW-3 tinha uma elevada capacidade de aumentar a	Xu et al. (2015)
			o crescimento avaliado para promover o crescimento das plantas.	
Alcachofra de Jerusalém	*Helianthus tuberosus* L.	Asteraceae	*Ochrobactrum anthropi* Mn1, fez fixação simbiótica de azoto, raiz otimização morfológica e maior absorção de nutrientes.	Meng et al. (2014)
Leguminosas		Fabáceas	*Ochrobactrum* sp. MC22 como uma bactéria promotora do crescimento de plantas, degradadora de triclocarban, que pode degradar completamente e desintoxicar o Triclocarban (TCC) e todos os metabolitos de cloroanilina.	Sipahutarand Vangnai (2017)
Milho	*Zea mays* L.	Poaceae	*Ochrobactrum* sp. NBRISH6 melhorou a saúde geral das plantas sob stress abiótico.	Mishra et al. (2020)

Arroz	*Oryza saliva* L.	Poaceae	Os géneros *Ochrobactrum* contribuíram para o crescimento das plantas, bem como para aumentou a absorção de nutrientes das plantas de arroz *em* ensaios *in vivo*.	De Souza et al. (2015)
Goma vermelha do rio	*Eucalyptus camaldulensis* Dehnh.	Myrtaceae	*Ochrobactrum intermedium* BN-3 foi tolerante ao Pb,	Waranusantigul et al. (2011)
			Cd, e Zn, e pode melhorar a acumulação de biomassa de Pb por *Eucalyptus camaldulensis*.	
Azevém	*Lolium perenne* L.	Poaceae	A bactéria *Ochrobactrum* sp. PWimproved degradação de pireno no solo.	Liu et al. (2016)
			Inoculação de bactéria com O azevém aumentou o peso seco da raiz e do rebento do azevém.	Liu et al. (2016)
Soja	*Glycine max* L.	Fabáceas	*Ochrobactrum* sp. MGJ11 secreta IAA e apresenta tolerância ao Cd.	Yu et al. (2016)
			A inoculação de *Ochrobactrum* sp. MGJ11 melhorou o comprimento da raiz e do rebento, bem como a biomassa da soja.	Yu et al. (2016)
Cana-de-açúcar	*Saccharum officinarum* L.	Poaceae	*Ochrobactrum intermedium* NH-5 mostrou boa atividade de biocontrolo, suprimindo a podridão	Hassan et al. (2014)

			vermelha.	
Tabaco	*Nicotiana tabacum* L.	Solanáceas	*Ochrobactrum lupini* KUDC1013 indicou um grande potencial como agente de controlo biológico contra fitopatogénicos.	Sumayo et al. (2013)
Trigo	*Triticum aestivum* L.	Poaceae	*Ochrobactrum* é o melhor candidato para a solubilização de diferentes fontes de P.	Rasul et al. (2021)

***Bacilus* spp.**

Várias espécies de *Bacillus* foram reconhecidas como bactérias promotoras do crescimento das plantas porque suprimem os agentes patogénicos e aumentam o crescimento das plantas (Idris et al., 2007; Posada et al., 2016; Nanjundappa et al., 2019). O género *Bacillus* é constituído por espécies patogénicas de origem alimentar e associadas à deterioração, como *Bacillus cereus*, *Bacillus licheniformis*, *Bacillus subtilis* e *Bacillus pumilus* (Caamano-Antelo et al., 2015). O género *Bacillus* inclui células bacterianas Gram positivas, em forma de bastonete, de 0,3-2,2 a 1,2-7,0 шн, a maioria delas móveis, com flagelos peritríquios (Alina ct al., 2015), e consiste em mais de 60 espécies (Aloo et al., 2019). As espécies de *Bacillus* como inoculantes biológicos na agricultura mostraram muitas vantagens e têm a capacidade de produzir endosporos com viabilidade prolongada e alta resistência (Raupach e Kloepper, 1998; Noell et al., 2015). As melhorias na saúde e produtividade das plantas são controladas por três mecanismos ecológicos diferentes: produção de antifúngicos que causam antagonismo de pragas e patógenos, secreção de compostos que estimulam o crescimento da planta e modulação das defesas do hospedeiro da planta, incluindo a resistência sistémica da planta (Joshi e McSpadden Gardener, 2006; Tahir et al., 2017; Yi et al., 2018). *Bacillus pumilus MSTA8* e *Bacillus amyloliquefaciens MSTD26* tiveram papéis importantes na colonização da raiz, competência da rizosfera e formação de biofilme usando exsudatos de raiz de *Eleusine coracana* L. ricos em aminoácidos, carboidratos e proteínas (Dheeman et al., 2020). As estirpes de *Bacillus* AM1, D16, D29 e H8 mostraram atividade antagonista e foram relatadas como boas candidatas para o controlo biológico da murcha bacteriana do tomateiro (TBW) em condições de estufa, bem como o seu potencial para melhorar o crescimento do tomateiro (Almoneafy et al., 2012). *Bacillus mycoides* isolado BacJ (Bargabus et al., 2002), e *Bacillus pumilis* isolado 203-7 (Bargabus et al., 2004) controlaram a mancha foliar de Cercospora em beterrabas açucareiras.

Bacillus atrophaeus, *Bacillus subtilis*, *Bacillus amyloliquefacients*, *Bacillus simplex* e *Bacillus tequilensis* mostraram actividades antagonistas consideráveis contra *Fusarium culmorum* e *Fusarium solani* (Harba et al., 2020). Um dos isolados do feijão (*Lablab niger* Medikus) foi identificado como *Bacillus siamensis* melhorou a altura da planta em 14,66-15,68%, o peso fresco do rebento em 34,5-65,09% e o peso fresco da raiz em 75,3-92,48% em relação ao controlo não tratado de cultivares de tomate (Islam et al., 2019). *Bacillus subtilis* melhorou o teor relativo de água na folha de milho e aumentou o crescimento da planta sob salinidade, bem como diminuiu os danos bioquímicos no milho (Ferreira et al., 2018). Foi descoberto um aumento significativo na altura da planta, no conteúdo de clorofila, no conteúdo de biomassa e na absorção de nutrientes, quando a couve chinesa foi tratada com *Bacillus subtilis* JW1 (Kang et al., 2019). A estirpe de *Bacillus subtilis* CIFT-MFB-4158A pode colonizar a superfície da raiz, enquanto *B. subtilis* BSn5 foi o agente apropriado para colonizar raízes internas, e ambos podem controlar *Ralstonia solanacearum in vitro* (Yanti et al., 2017). Os agentes de biocontrolo baseados em Bacillus têm papéis importantes no controlo de patógenos bacterianos de plantas, como *Pseudomonas syringae* em *Arabidopsis* (Bais et al., 2004), *Xanthomonas campestris* pv. *campestris* em Brassica (Wulff et al., 2002) e *Ralstonia solanacearum* em amoreira (Ji et al., 2008). Os resultados de experiências em estufa com plantas de tabaco mostraram que o tratamento com *Bacillus* spp. aumentou significativamente o peso fresco e a altura das plantas, ao mesmo tempo que diminuiu claramente a classificação da gravidade da doença do vírus do mosaico do tabaco (TMV) (Shuai et al., 2009). *Bacillus megaterium* R181, *B. safensis* R173 e *B. simplex* R180 foram relatados para melhorar o crescimento do trigo e da soja (Akinrinlola et al., 2018). *Arabidopsis thaliana* recruta ativamente *B. subtilis* por meio de moléculas secretadas pela raiz, e as importantes funções dos quimiorreceptores *de B. subtilis* para a colonização efetiva de plantas em ambientes naturais foram encontradas (Allard-Massicotte et al., 2016). *B. subtilis* interage com as raízes de várias plantas, e esta interação é eficaz para ambos os lados, uma vez que *B. subtilis* inculca muitas funções que melhoram o crescimento e a saúde das plantas (Vullo et al., 1991; Pandey e Palni, 1997; Cazorla et al., 2007). Krause et al. (2003) descobriram que Bacillus spp. pode induzir resistência sistémica induzida (ISR) contra a doença foliar causada por *Xanthomonas campestris* pv. *armoraciae*, enquanto Zehnder et al. (2000) relataram o potencial de *Bacillus* spp. para induzir ISR contra o vírus do mosaico do pepino (CMV) em tomates. *Bacillus* spp. foi reconhecido em ensaios de campo pela sua capacidade de diminuir a incidência e a gravidade do vírus da mancha do tomateiro (ToMoV) que é transmitido por moscas brancas (Murphy et al., 2000). Foi relatada uma redução de 50% da dose de ferilização de azoto após a aplicação de *Bacillus* spp. no campo (Lopez-Valenzuela et al., 2019). A inoculação de plantas com *Bacillus* spp. A estirpe M9 afectou significativamente o mecanismo fotossintético e o desempenho das plantas de pimenta (*Capsicum* spp.) para aumentar a fluorescência da clorofila e os parâmetros das trocas gasosas, e a inoculação de plantas com *Bacillus* spp. M9 e *Bacillus cereus* K46 revelou impactos positivos tanto na extinção fotoquímica como na taxa de assimilação de CO_2 em comparação com plantas não inoculadas (Samaniego-Gamez et al., 2016). As plântulas de milho inoculadas com *Bacillus* spp. melhoraram a biomassa das plantas, o potencial hídrico das folhas, a aderência das raízes ao solo/tecido radicular, o teor relativo de água, a estabilidade dos agregados, a diminuição da perda de água das folhas e podem diminuir os efeitos secundários adversos do stress da seca (Vardharajula et al., 2011). Foi relatado que *B. subtilis* poderia atuar sinergicamente para estimular o crescimento e a aptidão das plantas de bassia indiana sob stress salino (Abeer et al., 2015). Um aumento significativo em diferentes constituintes proximais, incluindo proteína bruta (22,13%), matéria seca (32,25%), gordura (30,77%), hidratos de carbono (49,08), metionina (47,68%), lisina (59,41%) e triptofano (38,05%) em grãos de amaranto obtidos por combinação de *Bacillus pumilus* e *Bacillus subtilis* (Pandey et al., 2018). Quando inoculado com Bacillus sp. UFPEDA 472, o feijão-de-lima apresentou melhores respostas de crescimento (Lima et al., 2016). *Bacillus amyloliquefacients* Y1 teve impactos significativos nas propriedades do solo e estimulou o crescimento da planta de pimenta, melhorando o NPK (Jamal et al., 2018). *Bacillus* sp. SP-A9 pode diminuir as perdas económicas resultantes de doenças causadas por fungos do género *Fusarium* e estimulou a melhoria do uso de proteção química das culturas (Przemieniecki et al., 2018). *B. subtilis* pode ser um substituto adequado como bactéria endofítica promotora do crescimento de plantas para a cultura do algodão, o que pode influenciar significativamente a matéria seca da raiz e do rebento e o teor de fósforo no solo (Diaz et al., 2019). Os benefícios das espécies de Bacillus com base na promoção do crescimento das plantas são apresentados no Quadro 12. Os efeitos de B. subtilis são indicados no Quadro 13. Alguns exemplos de preparações comerciais à base de Bacillus são apresentados no Quadro 14.

Quadro 12- Os benefícios mais importantes das espécies de *Bacillus* de acordo com a promoção do crescimento das plantas.

Benefício	Pontos-chave	Referência
Fixação do azoto	*B. cereus*, *B. circulans*, *B. firmus*, *B. pumilus*, *B. licheniformis*, *B. megaterium*, *B. subterraneous*, *B. aquimaris*, *B. vietnamensis* e *B. aerophilus* são reconhecidos pela sua capacidade de fixar azoto atomosférico.	Ding et al. (2015) Yousuf et al. (2017)
	B. pumilus, *B. altitudinis* e *B. safensis* diazotróficos foram isolados de rizosfera de milho, arroz e	Habibi et al. (2014)

	erva-caranguejeira, respetivamente.	
	Uma bactéria diazotrófica *Bacillus rhizosphaerae* foi isolada da rizosfera da cana-de-açúcar.	Madhaiyan et al. (2011)
	Bacilus megaterium, B. marisflavi e *B cereus* separados da rizosfera de diferentes culturas de campo na China foram considerados positivos para	Saxena et al. (2019)
	gene *nifH*.	
Nutrição em fósforo	Muitas espécies de Bacillus como *B. circulans, B. cereus, B. fusiformis, B. pumilus, B. megaterium, B. mycoides, B. coagulans, B. chitinolyticus* e *B. subtilis* foram descobertas como solubilizadores de fósforo.	Sharma et al. (2013) Panda et al. (2016) Saeid et al. (2018)
	B. cereus e *B. megaterium* foram relatados como mineralizadores de fósforo orgânico bactérias.	Guang-Can et al. (2008)
	Sabe-se que as fitases são produzidas por *B. subtilis, B.* licheniformis *e B. laevolacticus*.	Farhat et al. (2008)
	O Bacilus flexus e *o B. megaterium* demonstraram ter atividade de fosfato ácido e alcalino.	Ibarra-Galeana et al. (2017)
Produção de fitohormonas	A produção de IAA é registada em várias espécies de Bacillus, como *B. velezensis, B. subtilis, B. megaterium* e *B. licheniformis*.	Lim e Kim (2009)
	A atividade da 1 - aminociclopropano-1-carboxilato (ACC) desaminase foi descoberta em *B. subtilis, B. firmus, B. circulans* e *B. globisporus*.	Xu et al. (2014)
	Há relatos de que as giberelinas são produzidas por *B. pumilus, B. licheniformis, B. cereus, B. macroides, B. velezensis* e *B.*	Radhakrishnan e Lee (2016)

	subtilis.	
	A pulverização foliar com B. velezensis KF2 com capacidade para produzir giberelinas e IAA desencadeou a promoção do crescimento e a defesa das plantas de sésamo.	Radhakrishnan e Lee (2016)
	Bacillus aryabhattai estirpe SRB02, isolada de soja	Park et al. (2017)
	rizosfera, foi descoberto que produz altos níveis de IAA, giberelinas e ácido jasmónico, que se diz estimularem o crescimento da soja e aliviarem o stress oxidativo.	
	Bacillussubtilis, B. megaterium, B. licheniformis e *B. velezensis* são conhecidos pela presença de citocinina produção.	Alina et al. (2015) Asari et al. (2017)
Produção de sideróforos	Sabe-se que os sideróforos são produzidos por *B. anthracis, B. thuringiensis, B. cereus, B. velezensis, B. atrophacus, B. mojavensis, B. licheniformis, B. pumilus, B. halodenitrificans,* e *B. subtilis.*	Ramadoss et al. (2013) Goswami et al. (2014)
Absorção de nutrientes	A solubilização de potássio foi encontrada em espécies como *B. velezensis, B. cereus, B. circulans, B. coagulans, B. edaphicus, B. megaterium, B. subtilis, B. firmus, B. mycoides, B. decolorationis* e *B. horikoshii.*	Verma et al. (2015)
	Foi relatado que *Bacillus licheniformis* BHU18 solubiliza potássio e produz IAA.	Saha et al. (2016)
	Os solubilizadores de zinco mais importantes do género Bacillus são *B. aryabhattai, B. subtilis, B. thuringiensis* e *B. tequilensis.*	Shakeel et al. (2015) Singh et al. (2017)
	O B. subtilis GB03 foi descoberto para aumentar o	Freitas et al. (2015)

	teor de ferro tanto na Arabidopsis como na mandioca.	
Promoção do crescimento de plantas em plantas	A formulação mais notável de PGPR baseada em *B. velezensis*, *B. megaterium* var.	Sharma et al. (2013) Panda et al. (2016) Asari et al. (2017)
	phosphaticum, *B. subtilis*, e *B. thuringiensis* var. *kurstaki* sãoHatake , RhizoVital®42(FZB42), Amyprotec-42(FZB42), Symbion-P®, Green dual, Companion (GB03), Jingaiguibao, Lepinox Plus (G 2348), Fosfix, e Serenade (QST-713)	Berini et al. (2018) Fira et al. (2018)

Quadro 13- Os benefícios mais importantes da *B. subtilis* para a promoção do crescimento das plantas.

Benefícios	Ponto-chave	Referência
Melhora a disponibilidade de nutrientes	O azoto atmosférico pode ser fixado, bem como promover a nodulação e aumentar a colonização de rizobactérias simbióticas nativas.	Vivas et al. (2003) Elkoca et al. (2007) Hayat et al. (2010)
	Tem a capacidade de solubilizar o fósforo através da produção de vários ácidos orgânicos que o transformam numa forma solúvel.	Saeid et al. (2018)
	Pode estimular o teor de ferro nas plantas, facilitando a mobilidade do ferro através da acidificação da rizosfera e induzindo a regulação positiva dos genes de aquisição de ferro nas plantas.	Zhang et al. (2009) Stefan et al. (2013) Freitas et al. (2015)
Altera a homeostasia das hormonas de crescimento das plantas	Produz uma vasta gama de compostos que influenciam diretamente o crescimento das plantas de diferentes formas.	Blake et al. (2021)
	Pode levar à produção na planta através de compostos secretados.	Ryu et al. (2003) Arkhipova et al. (2005)
	Os voláteis *de B. subtilis* podem estimular a homeostase da auxina em *A. thaliana*, levando à diminuição dos níveis de	Zhang et al. (2007)

	auxina nas folhas, mas a níveis mais elevados nas raízes.	
	B. subtilis aumentou o crescimento das plantas através da indução de	Xie et al. (2014)
	expansões e redução dos níveis de etileno.	
	B. subtilis é capaz de promover fitohormonas.	Arkhipova et al. (2005)
	A estirpe SYST2 de *Bacillus subtilis* teve um impacto significativo na biomassa da planta e nos conteúdos endógenos de auxina, giberelinas e citocinina, enquanto diminuiu os níveis de etileno.	Tahir et al. (2017)
Reduz o stress abiótico	O GOT9 *de B. subtilis* demonstrou uma maior tolerância ao stress salino e à seca em *A. thaliana* e *Brassica campestris* através da estimulação da expressão genética das plantas, incluindo a regulação positiva dos genes de biossíntese do ácido abscísico (ABA).	Woo et al. (2020)
	B. subtilis pode diminuir os danos causados pela seca através do aumento da biossíntese de osmoprotectores, bem como a estimulação específica de órgãos do importador de Na+ HKT1 da planta.	Zhang et al. (2008) Zhang et al. (2010)

Tabela 14- Exemplos de preparações comerciais *à base de Bacillus* (Miljakovic et al., 2020).

Espécies *de Bacillus*	Preparação	Plantas	Empresa
Bacillus subtilis	Serenata	Legumes, frutas	AgraQuest Inc., EUA
Bacillus subtilis	Companion®	Leguminosas, legumes, milho e outros	Growth Products Ltd., EUA
Bacillus subtilis	Kodiak	Leguminosas, algodão e outros	Gustafson Inc., Estados Unidos
Bacillus subtilis	Cessar	Várias culturas	BioWorks Inc., EUA
Bacillus subtilis	Subtilex	Produtos hortícolas, leguminosas, algodão e outros	Becker Underwood, Inc., EUA
Bacillus subtilis	Pro-Mix®	Soja, plantas ornamentais e	Premier Horticulture Inc., Canadá

		outros	
Bacillus subtilis	FZB24	Várias culturas	AbiTEPGmbH , Alemanha
Bacillus subtilis	Bio Safe	Leguminosas, legumes,	Laboratório. Biocontrolo
		algodão	Farroupilha, Brasil
Bacillus subtilis	Ecoshot®	Produtos hortícolas, legumes, frutos e outros	KumiaiChemical Indústria, Japão
Bacillus subtilis	Biosubtilina	Cereais, produtos hortícolas, leguminosas, oleaginosas, algodão e outros	Biotech International Ltd., Índia
Bacillus amyloliquefaciens	BioYield®	Leguminosas, produtos hortícolas, tabaco	Gustafson Inc., Estados Unidos
Bacillus amyloliquefaciens	Rhizocell GC®	Cereais, beterraba sacarina	Lallemand Plant Care, França
Bacillus amyloliquefaciens	RhizoVital®42, RhizoVital®42TB	Produtos hortícolas, cereais, plantas ornamentais	ABiTEPGmbH , Alemanha
Bacilus pumilus	Ballad®Plus	Cereais, sementes oleaginosas, beterraba sacarina, milho doce	AgraQuest Inc., Estados Unidos
Bacilus pumilus	Escudo de proteção®.	Leguminosas, cereais, produtos hortícolas, beterraba sacarina, algodão	Bayer CropScience, EUA
Bacilus pumilus	Sonata®	Legumes, frutas	AgraQuest Inc., EUA
Bacilus licheniformis	EcoGuard	Várias culturas	NovozymesA/S Dinamarca, Novozymes Biologicals, EUA
Bacilus velezensis	Botrybel®	Legumes, frutas	Agricaldes, Espanha
Bacillus megaterium	Symbion-P®	Cereais, leguminosas, sementes oleaginosas, produtos hortícolas	T. Stanes & Co. Ltd., Índia
Bacillus sp.	Sublic®	Várias culturas	ELEP Biotecnologias, Itália
Bacillus spp.	*Bacilos* SPP®	Várias culturas	Bio Insumos Nativa, Chile

A interação entre fungos micorrízicos arbusculares (FMA) e *Bacillus* spp. pode estimular o crescimento das plantas em *Tagetes erecta* (*G. fasciculatum* e *B. subtilis*) (Flores et al., 2007), *Artemisia annua* (*G. mosseae* e B. subtilis) (Awasthi et al., 2011), *Capsicum annuum* (*Funneliformis mosseae* e *B.*

sonorensis) (Thilagar et al, 2016), *Withania somnifera* (*Acaulospora laevis, Claridioglomus etinucatum* e *B. licheniformis*) (Anuroopa e Bagyaraj, 2017), e *Solanum lycopersicum*, e *Capsicum annuum*) (*Funneliformis mosseae* e *B. sonorensis*) (Desai et al., 2019). A interação entre AMF e *Bacillus* spp. pode levar à proteção das plantas contra patógenos, como a interação entre *Glomus mosseae* ou *G. manihotis* e *Bacillus* sp. contra *Meloidogyne incognita* em *Carica papaya* (Jaizme-vega et al, 2006), a interação entre *G. aggregatum* e *B. coagulans* contra *Meloidogyne incognita* em *Solanum lycopersicum* (Serfoji et al., 2010), e a interação entre *Glomus* spp. e *Bacillus* sp. contra *Verticillium dahlia* em

Fragaria ananassa (Tahmatsidou et al., 2006). A interação entre FMA e Bacillus spp. pode aliviar o stress abiótico, tal como a interação entre *Glomus mosseae* e *G. intraradices* e *Bacillus* sp. contra a seca *em Lactua sativa* (Vivas et al, 69), a interação entre *G. intraradices* e *B. thuringiensis* contra a seca em *Retama sphaerocarpa* (Marulanda et al., 46), e a interação entre *Claroideoglomus etunicatum* + *Rhizophagus intraradices* + *Funneliforms mosseae* e *B. subtilis* contra a salinidade em *Acacia gerrardii* (Hashem et al., 33). As espécies de *Bacillus* têm diferentes caminhos para a promoção do crescimento das plantas, como *Bacillus pumilus* e *Bacillus sp.* para o milho, que têm fixação de N_2 (Szilagyi-Zecchin et al., 2014; Kuan et al., 2016). *B. megaterium, B. subtilis* e *B. simplex* que têm solubilização de P para berinjela, pimentão e tomate, respetivamente (Bahadir et al., 2018), e *Bacillus subtilis* que tem solubilização de P para pepino (Garcia-Lopez e Delgado, 2016). *Bacillus amyloliquefaciens* pode causar mais resistência ao *vírus da murcha manchada do tomate* e ao *vírus Y da batata* na doença da murcha do tomate (Beris et al., 2018), *Bacillus cereus* pode levar a uma maior resistência a *Botrytis cinerea* na doença do bolor cinzento das culturas de campo e vegetais (Nie et al, 2017), *Bacillus subtillis* contra *Rhizoctonia solani* no míldio da bainha do arroz (Spaepen et al., 2007), *Bacillus amyloliquefaciens* contra *Xanthomonas axonopodis* pv. *versicatoria* na doença da mancha foliar do pimento (Choi et al., 2014). *Bacillus sp.* pode aumentar a resistência a *Pyricularia oryzae* e *Colletotrichum capsica* na *doença da explosão* do arroz (Rais et al., 2017) e *na antracnose do* pimentão (Jayapala et al., 2019). *Bacillus subtilis* e *Bacillus* sp. podem levar à resistência a *Fusarium oxysporum* f. sp. *cucumerinum* e *Plasmopara halstedii* na podridão radicular do pepino (Chen et al., 2010) e *míldio* do girassol (Nandeeshkumar et al., 2008), respetivamente. Os mecanismos de *Bacillus subtilis* no controlo biológico do stresse biótico consistem na indução de resistência sistémica adquirida, na alteração das atividades de extinção de ROS, na estimulação do potencial antioxidante, na produção de bacteriocinas, na estimulação da solubilização de AMF e P, na produção de enzimas hidrolíticas da parede celular, na produção de compostos antibióticos lipopeptídicos e na produção de Iturina A (Hashem et al., 2019).

Rhodococcus spp.

Uma gama diversificada de capacidades metabólicas exibidas por

Rhodococci, uma parte única de muitos ambientes, que é considerada pela sua capacidade de degradar compostos aromáticos de cadeia longa e curta, tais como hidrocarbonetos aromáticos policíclicos halogenados, heteroaromáticos e hidroaromáticos (Warhurst e Fewson, 1994; Cereijo et al., 2021). Os rodococos, que contêm várias espécies com importância ecológica, agrícola e biotecnológica (Francis et al., 2016), podem tolerar ambientes desfavoráveis e compostos tóxicos extremos devido à sua estrutura de parede celular e grande variedade de enzimas que podem desintoxicar e degradar constituintes nocivos em habitats hostis (Savory et al., 2017; Patek et al., 2021). O género *Rhodococcus* é uma bactéria aeróbica, Gram-positiva e não esporulada que pertence ao filo *Actinobacteria* (Bala et al., 2013; Lincoln et al., 2015; Dhaouadi et al., 2020; Dhaouadi et al., 2021). *Rhodococcus erythropolis* MTC 7905 pode diminuir Cr^{6+} e estimula o crescimento de plantas de ervilha (*Pisum sativum*) a baixa temperatura (Trivedi et al., 2007). Abraham e Silambarasan (2018) também relataram que *Rhodococcus erythropolis* JAS13 poderia ser utilizado para biorremediação integrada de pesticidas e capacidade de promoção do crescimento de plantas em sistemas agrícolas. *Rhodococcus* sp. PBTS1 e PBTS2 podem produzir citocininas, auxinas e voláteis que estimulam o crescimento das plantas com impactos significativos no desenvolvimento das plantas (Vereecke et al., 2020). *Rhodococcus* sp. Fp2 não promoveu o crescimento da ervilha em solo suplementado com Cd porque não continha atividade de 1-aminociclopropano-1-carboxilato desaminase (ACCD) in vitro na presença de Cd (Safronova et al., 2006). Propriedades promotoras de crescimento de plantas encontradas após o isolamento de *Rhodococcus qingshengii* RL1 de folhas esterilizadas de superfície de *Eurca sativa* Mill. (Kuhl et al., 2019).

Contribuições dos autores: W.S.: redação - preparação do projeto original e edição;

M.H.S.: redação - preparação do rascunho original e edição. Todos os autores leram e concordaram com a versão publicada do manuscrito.

Financiamento: Esta investigação foi financiada pela Fundação de Ciências Naturais de Pequim, China (Subvenção n.º M21026). Esta investigação foi também apoiada pelo Programa Nacional de I&D da China (subvenção de investigação 2019YFA0904700).

Declaração do Conselho de Revisão Institucional: Não aplicável.

Declaração de consentimento informado: Não aplicável.

Declaração de disponibilidade de dados: Não aplicável.

Conflitos de interesse: Os autores declaram não haver conflito de interesses.

Referências

1. Abbas, S., Javed, M. T., Shahid, M., Hussain, I., Haider, M. Z., Chaudhary, H. J., Tanwir, K., e Maqsood, A. 2020. A inoculação de *Acinetobacter* sp. SG-5 alivia a toxicidade do cádmio em cultivares de milho diferencialmente tolerantes ao Cd, conforme decifrado por atributos físico-bioquímicos aprimorados, antioxidantes e fisiologia de nutrientes. Fisiologia e Bioquímica de Plantas. 155: 815-827.
2. Abbaszadeh, B., Layeghhaghighi, M., Azimi, R., e Hadi, N. 2020. Melhoria da eficiência da utilização da água através do stress hídrico e da utilização de ácido salicílico para a produção adequada de *Rosmarinus officinalis* L. Industrial Crops and Products. 144: 111893.
3. AbdAllah, A. M., Burkey, K. O., e Mashaheet, A. M. 2018. Redução do consumo de água das plantas através da aplicação foliar de anti-transpirantes em plantas de tomate (*Solanum lycopersicum* L.). Scientia Horticulturae. 235: 373381.
4. Abdel-Fattah, G. M., e Mohamedin, A. H. 2000. Interações entre um fungo micorrízico vesicular-arbuscular (*Glomus intraradices*) e *Streptomyces colelicolor* e os seus efeitos em plantas de sorgo cultivadas em solo alterado com quitina de escamas de brawn. Biol Fertil Solos. 32: 401-409.
5. Abdellatif, I. M. Y., Abdel-Ati, Y. Y., Abdel-Mageed, Y. T., e Hassan, M. A.-M. M. 2017. Efeito do ácido húmico no crescimento e produtividade de plantas de tomate sob stress térmico. Jornal de Pesquisa em Horticultura. 25(2): 59-66.
6. Abeer, H., Abd-Allah, E. F., Al-Qarawi, A. A., Al-Huqail Asma, A., Alishalawi, S. R. M., Wirth, S., e Dilfuza, E. 2015. Impacto do crescimento da planta promovendo *Bacillus subtilis* no crescimento e parâmetros fisiológicos de *Bassia Indica* (Indian Bassia) cultivada sob estresse salino Jornal de Botânica do Paquistão. 47(5): 1735-1741.
7. Abiala, M. A., e Odebode, A. C. 2015. *Enterobacter* rizosférico melhorou a saúde e o crescimento das mudas de milho. Ciência e Tecnologia de Biocontrolo. 25(4): 359-372.
8. Abo-Elyousr, K. A. M., Hussein, M. A. M., Allam, A. D. A., e Hassan, M. H. 2009. Resistência sistémica induzida pelo ácido salicílico em plantas de cebola contra *Stemphylium versicarium*. Archives of Phytopathology and Plant Protection. 42(11): 1042-1050.
9. Abraham, J., e Silambarasan, S. 2016. Biodegradação de clorpirifós e seu produto de hidrólise 3,5,6-tricloro-2-piridinol usando uma nova bactéria *Ochrobactrum* sp. JAS2: Uma proposta de sua via metabólica. Pesticide Biochemistry and Physiology. 126: 13-21.
10. Abraham, J., e Silambarasan, S. 2018. Biodegradação de carbendazim por *Rhodococcus erythropolis* e suas caraterísticas promotoras de crescimento vegetal. Actas de Biologia e Ambiente da Academia Real Irlandesa. 118B(2): 69-80.
11. Adani, F., Genevini, P., Zaccheo, P., e Zocchi, G. 1998. O efeito do ácido húmico comercial no crescimento das plantas de tomate e na nutrição

mineral. Journal of Plant Nutrition. 21(3): 561-575.
12. Adhikari, T. B., Joseph, C. M., Yang, G. P., Phillips, D. A., e Nelson, L. M. 2001. Avaliação de bactérias isoladas do arroz para promoção do crescimento das plantas e controlo biológico da doença das plântulas de arroz. Can J Microbiol. 47: 916-924.
13. Adhikary, A., Kumar, R., Pandir, R., Bhardwaj, P., Wusirika, R., e Kumar, S. 2019. *Pseudomonas citronellolis*; um promotor de crescimento de plantas resistente a vários metais e potencial contra o estresse de arsênico (V) no grão-de-bico. Fisiologia e Bioquímica das Plantas. 142: 179-192.
14. Adriano-Anays, M. L., Salvador-Figueroa, M., Ocampo, J. A., e Garcia-Romera, I. 2006. Actividades de enzimas hidrolíticas em raízes de milho (*Zea mays*) e sorgo (*Sorghum bicolor*) inoculadas com *Gluconacetobacter diazotrophicus* e *Glomus intraradices*. Biologia e Bioquímica do Solo. 38(5): 879-886.
15. Afzal, A., Saleem, S., Iqbal, Z., Jan, G., Malik, M. F. A., e Asad, S. A. 2014. Interação de *Rhizobium* e *Pseudomonas* com trigo (*Triticum aestivum* L.) em solo em vaso com ou sem P2O5. Jornal de Nutrição Vegetal. 37(13): 2144-2156.
16. Aghaeifard, F., Babalar, M., Fallahi, E., e Ahmadi, A. 2016. Influência do ácido húmico e do ácido salicílico no rendimento, na qualidade dos frutos e nos elementos minerais das folhas do morango (*Fragaria * Ananassa* duch.) cv. Camarosa. Journal of Plant Nutrition. 39(13): 1821-1829.
17. Ahemad, M., e Khan, M. S. 2012. Alívio da fitotoxicidade induzida por fungicidas em greengram [*Vigna radiata* (L.) Wilczek] usando estirpe *de Pseudomonas* tolerante a fungicidas e promotora do crescimento de plantas. Saudi Journal of Biological Sciences. 19: 451-459.
18. Ahmad, I., Saquib, R. U., Qasim, M., Saleem, M., Khan, A. S., e Yaseen, M. 2013. Efeitos do ácido húmico e da cultivar no crescimento, rendimento, vida útil do vaso e caraterísticas do cormo do gladíolo. Revista Chilena de Pesquisa Agrícola. 73(4): 339-344.
19. Ahmad, T., Khan, R., e Khattak, T. N. 2018. Efeito dos fertilizantes líquidos e foliares à base de ácido húmico e ácido fúlvico no rendimento da cultura do trigo. Jornal de Nutrição Vegetal. 41(19): 2438-2445.
20. Ahmed, H. S., Moawad, A. S., AbouZid, S. F., e Owis, A. I. 2020. O ácido salicílico aumenta a acumulação de flavonolignanos nos frutos das culturas hidropónicas *Silybum marianum*. Saudi Pharmaceutical Journal. 28: 593-598.
21. Ahmed, T., Ren, H., Noman, M., Shahid, M., Liu, M., Ali, Md. A., Zhang, J., Tian, Y., Qi, X., e Li, B. 2021. Síntese verde e caraterização de nanopartículas de óxido de zircônio usando um *Enterobacter* sp. nativo e sua atividade antifúngica contra o patógeno da doença da praga do galho da bayberry *Pestalotiopsis versicolor*. NanoImpacto. 21: 100281.
22. Akcin, A. 2021. Os efeitos do ácido fúlvico nas caraterísticas fisiológicas e anatómicas do trigo panificável (*Triticum aestivum* L.) cv. Flamura 85 exposto ao stress do crómio. Soil and Sediment Contamination: An

International Journal. DOI: 10.1080/15320383.2021.1873914

23. Akhtar, M. S., e Siddiqui, Z. A. 2008. Biocontrolo de um complexo de doenças da podridão radicular do grão-de-bico por *Glomus intraradices*, *Rhizobium* sp. e *Pseudomonas straita*. Proteção das culturas. 27(3-5): 410-417.

24. Akinrinlola, R. J., Yuen, G. Y., Drijber, R. A., e Adesemoye, A. O. 2018. Avaliação de estirpes *de Bacillus* para promoção do crescimento de plantas e eficácia de previsibilidade por caraterísticas fisiológicas *in vitro*. Revista Internacional de Microbiologia. 2018(53):1-11.

25. Albertsen, A., Ravnskov, S., Green, H., Jensen, D. F., e Larsen, J. 2006. Interações entre o micélio externo do fungo micorrízico *Glomus intraradices* e outros microrganismos do solo afectados pela matéria orgânica. Soil Biology and Biochemistry. 38(5): 1008-1014.

26. Alfosea-Simon, M., Simon-Grao, S., Zavala-Gonzalez, E. A., Camara-Zapata, J. M., Simon, I., Martinez-Nicolas, J. J., Lidon, V., Rodriguez-Ortega, W. M., e Garcia-Sanchez, F. 2020. A aplicação de bioestimulantes contendo aminoácidos ao tomate pode favorecer o cultivo sustentável: Implicações para tirosina, lisina e metionina. Sustainability. 12(9729): 1-19.

27. Alfosea-Simon, M., Zavala-Gonzalez, E. A., Camara-Zapata, J. M., Martinez-Nicolas, J. J., Simon, I., Simon-Grao, S., e Garcia-Sanchez, F. 2020. Efeito da aplicação foliar de aminoácidos na tolerância à salinidade de plantas de tomate cultivadas em sistema hidropónico. Scientia Horticulturae. 272: 109509.

28. Ali, B. 2021. Ácido salicílico: Um eliciador eficiente da produção de metabolitos secundários em plantas. Biocatálise e Biotecnologia Agrícola. 31: 101884.

29. Alina, S. P., Constantinscu, F., e Petruta, C. C. 2015. Biodiversidade do grupo *Bacillus subtilis* e caraterísticas benéficas de espécies de Bacillus úteis na proteção de plantas. Cartas Biotecnológicas Romenas. 20(5): 10737-10750.

30. Allard-Massicotte, R., Tessier, L., lecuyer, F., Lakshmanan, V., Lucier, J.-F., Garneau, D., Gaudwell, L., Vlamakis, H., Bais, H. P., e Beauregard, P. B. 2016. A colonização precoce de raízes de *Arabidopsis thaliana por Bacillus subtilis* envolve múltiplos receptores de quimiotaxia. mBio. 7(6):e01664-16.

31. Almasaudi, S. B. 2018. *Acinetobacter* spp. como agentes patogénicos nosocomiais: Epidemiologia e caraterísticas de resistência. Jornal Saudita de Ciências Biológicas. 25: 586-596.

32. Almoneafy, A. A., Xie, G. L., Tian, W. X., Xu, L. H., Zhang, G. Q., e Ibrahim, M. 2012. Caracterização e avaliação de isolados *de Bacillus* quanto ao seu potencial de crescimento vegetal e actividades de biocontrolo contra a murcha bacteriana do tomateiro. Jornal Africano de Biotecnologia. 11(28): 7193-7201.

33. Alonso, C. A., Kwabugge, Y. A., Anyanwu, M. U., Torres, C., e Chah, K. F. 2017. Diversidade de espécies de *Ochrobactrum* em animais de

alimentação, fenótipos de resistência a antibióticos e polimorfismos no gene blaOCH. FEMS Microbiology Letters. 364(17): 1-7.
34. Aloo, B. N., Makumba, B. A., e Mbegaa, E. R. 2019. O potencial das rizobactérias *Bacilli* para a produção sustentável de culturas e sustentabilidade ambiental. Microbiol Res. 219: 26-39.
35. Al-Sman, M., Abo-Elyousr, K. A. M., Eraky, A., e El-Zawahry, A. 2019. Eficiência da formulação baseada em *Pseudomonas* spp. para controlar a doença da podridão radicular do cominho preto em condições de estufa e campo. Arquivos de Fitopatologia e Proteção de Plantas. 15(19-20): 1313-1325.
36. Alymanesh, M. R., Taheri, P., e Tarighi, S. 2016. *Pseudomonas* como uma bactéria quorum quenching frequente e importante com capacidade de biocontrolo contra muitos fitopatógenos. Ciência e Tecnologia de Biocontrolo. 26(12): 1719-1735.
37. Ambigaipalan, P., Al-Khalifa, A. S., e Shahidi, F. 2015. Actividades antioxidantes e inibidoras da enzima de conversão da angiotensina I (ACE) de hidrolisados de proteínas de sementes de tâmara preparados com Alcalase, Flavourzyme e Thermolysin. Journal of Functional Foods. 18: 1125-1137.
38. Amijee, F., Allans, E. J., Waterhouse, R. N., Glover, L. A., e Paton, A. M. 1992. Associação não patogénica de bactérias da forma L (*Pseudomonas syringae* pv. *phaseolicola*) com plantas de feijão (*Phaseolus vulgaris* L.) e o seu potencial para o biocontrolo da doença do míldio. Ciência e Tecnologia do Biocontrolo. 2(3): 203-214.
39. Amin, A. A., El-Kader, A. A. A., Shalaby, M. A. F., Gharib, F. A. E., Rashad, E.-S. M., e Silva, J. A. T. D. 2013. Efeitos fisiológicos do ácido salicílico e tioureia no crescimento e produtividade de plantas de milho em solo arenoso. Comunicações em Ciência do Solo e Análise de Plantas. 44(7): 1141-1155.
40. Aminifard, M. H., Aroiee, H., Azizi, M., Nemati, H., e Jaafar, H. Z. 2012. Efeito do ácido húmico nas actividades antioxidantes e na qualidade dos frutos da pimenta (*Capsicum annuum* L.). Jornal de Ervas, Especiarias e Plantas Medicinais. 18(4): 360-369.
41. Aminifard, M. H., Mohammadi, S., e Fatemi, H. 2013. Inibição do bolor verde na laranja sanguínea (*Citrus sinensis* var. Moro) com tratamento com ácido salicílico. Arquivos de Fitopatologia e Proteção de Plantas. 46(6): 695-703.
42. Aminifard, M. H., Jorkesh, A., Fallahi, H.-R., e Moslemi, F. S. 2020. Influências da benzil adenina e do ácido salicílico no crescimento, rendimento e caraterísticas bioquímicas dos coentros (*Coriandrum sativum* L.). South African Journal of Botany. 132: 299-303.
43. Amna, Masood, S., Syed, J. H., Munis, M. F. H., e Chaudhary, H. J. 2015. Fito-extração de níquel por *Linum usitatissimum* em associação com *Glomus intraradices*. Jornal Internacional de Fitorremediação. 17(10): 981-987.
44. Anaya, F., Fghire, R., Wahbi, S., e Loutfi, K. 2018. Influência do ácido

salicílico na germinação de sementes de *Vicia faba* L. sob estresse salino. Jornal da Sociedade Saudita de Ciências Agrícolas. 17: 1-8.
45. Andarwulan, N., e Shetty, K. 2000. Estimulação de um novo metabolito fenólico, epoxi-pseudoisoeugenol-(2-metilbutirato) (FPB), em culturas de raízes de anis transformadas (*Pimpinella anisum* L.) por hidrolisados de proteínas de peixe. Biotecnologia Alimentar. 14(1-2): 1-20.
46. Andreolli, M., Zapparoli, G., Angelini, E., Lucchetta, G., Lampis, S., e Vallini, G. 2019. *Pseudomonas protegens* MP12: Uma bactéria endofítica promotora do crescimento vegetal com atividade antifúngica de amplo espetro contra fitopatógenos da videira. 219: 123-131.
47. Antonic, D., Milosevic, S., Cingel, A., Lojic, M., Trifunovic-Momcilov, M., Petric, M., Subotic, A., e Simonovic, A. 2016. Efeitos do ácido salicílico exógeno em *Impatiens walleriana* L. cultivada *in vitro* sob seca imposta por polietilenoglicol. South African Journal of Botany. 105: 226-233.
48. Antunes, P. M. C., Scornaienchi, M. L., e Roshon, H. D. 2012. Toxicidade do cobre em *Lemna minor* modelada usando ácido húmico como substituto da raiz da planta. Chemosphere. 88(4): 389-394.
49. Anuroopa, N., e Bagyaraj, D. J. 2017. A inoculação com consórcios microbianos selecionados aumentou o crescimento e o rendimento de *Withania somnifera* em condições de polyhouse. Imp J Interdiscip Res. 3: 127-133.
50. Arancon, N. W., Edwards, C. A., Lee, S., e Byrne, R. 2006. Efeitos dos ácidos húmicos dos vermicompostos no crescimento das plantas. Jornal Europeu de Biologia do Solo. 42(1): S65-S69.
51. Arellano, A. D. V., Sa Silva, G. M., Guatimosim, E., Dorneles, K. D. R., Moreira, L. G., e Dallagnol, L. J. 2021. Sementes revestidas com *Trichoderma atroviride* e solo corrigido com silício melhoram a ressitência de *Lolium multiflorum* contra *Pyricularia oryzae*. Biological Control. 154: 104499.
52. Arif, Y., Sami, F., Siddiqui, H., Bajguz, A., e Hayat, S. 2020. Ácido salicílico em relação a outras fitohormonas na planta: Um estudo sobre a fisiologia e a transdução de sinais num ambiente difícil. Botânica Ambiental e Experimental. 175: 104040.
53. Arkhipova, T. N., Veselov, S. U., Melentiev, A. I., Martynenko, E. V., e Kudoyarova, G. R. 2005. Capacidade da bactéria *Bacillus subtilis* de produzir citocininas e de influenciar o crescimento e o teor de hormonas endógenas das plantas de alface. Plant Soil. 272: 201-209.
54. Arshad, M., Shaharoona, B., e Mahmood, T. 2008. A inoculação com *Pseudomonas* spp. contendo ACC-deaminase elimina parcialmente os efeitos do stress da seca no crescimento, rendimento e maturação da ervilha (*Pisum sativum* L.). Pedosfera. 18(5): 611-620.
55. Asari, S., Tarkowska, D., Rolcik, J., Novak, O., Palmero, D. V., Bejai, S., Bejai, S, e Meijer, J. 2017. Análise das propriedades promotoras de crescimento vegetal de *Bacillus amyloliquefaciens* UCMB5113 usando *Arabidopsis thaliana* como planta hospedeira. Planta. 245: 15-30.

56. Atiyeh, R. M., Lee, S., Edwards, C. A., Arancon, N. Q., e Metzger, J. D. 2002. The influence of humic acids derived from earthworm-processed organic wastes on plant growth (A influência dos ácidos húmicos derivados de resíduos orgânicos processados por minhocas no crescimento das plantas). Bioresource Technology. 84(1): 7-14.
57. Attia, E. Z., El-Baky, R. M. A., Desoukey, S. Y., Mohamed, M. A. E. H., Bishr, M. M., e Kamel, M. S. 2018. Composição química e atividades antimicrobianas de óleos essenciais de plantas *de Ruta graveolens* tratadas com ácido salicílico sob condições de estresse por seca. Futuro Jornal de Ciências Farmacêuticas. 4: 254-264.
58. Aujoulat, F., Pages, S., Masnou, A., Emboule, L., Teyssier, C., Marchandin, H., Gaudriault, S., Givaudan, A., e Jumas-Bilak, E. 2019. A estrutura populacional de *Ochrobactrum* isolada de nematóides entomopatogênicos indica interações com o sistema simbiótico. Infeção, Genética e Evolução. 70: 131-139.
59. Awad, N., Vega-Estevez, S., e Griffiths, G. 2020. O ácido salicílico e a aspirina estimulam o crescimento de *Chlamydomonas* e inibem as vias da lipoxigenase e da dessaturase do cloroplasto. Plant Physiology and Biochemistry. 149: 256-265.
60. Awasthi, A., Bharti, N., Nair, P., Singh, R., Shukla, A., Gupta, M., Darokar, M., e Kalra, A. 2011. Synergistic effect of *Glomus mosseae* and nitrogen fixing *Bacillus subtilis* strain Daz26 on artemisin content in *Artemisia annua* L. Appl Soil Ecol. 49: 125-130.
61. Babaei, S., Niknam, V., e Behmanesh, M. 2021. Efeitos comparativos do óxido nítrico e do ácido salicílico na tolerância à salinidade do açafrão (*Crocus sativus*). Plant Biosystems- An International Journal Dealing with all Aspects of Plant Biology. 155(1): 73-82.
62. Babenko, L. M., Smirnov, O. E., Romanenko, K. O., Trunova, O. K., e Kosakivska, I. V. 2019. Compostos fenólicos em plantas: Biogénese e funções. Ukr Biochem J. 91(3): 5-18.
63. Bacilio, M., Moreno, M., e Bashan, Y. 2016. Mitigação dos efeitos negativos dos gradientes progressivos de salinidade do solo pela aplicação de ácidos húmicos e inoculação com *Pseudomonas stutzeri* em um pimentão tolerante ao sal e suscetível ao sal. Applied Soil Ecology. 107: 394-404.
64. Bae, S.-J., Mohanta, T. K., Chung, J. Y., Ryu, M., Park, G., Shim, S., Hong, S.-B., Seo, H., Bae, D.-W., Bae, I., Kim, J.-J., e Bae, H. 2016. Metabolitos *de Trichoderma* como agentes de controlo biológico contra agentes patogénicos *de Phytophthora*. Biological Control. 92: 128-138.
65. Bago, B., Azcon-Aguilar, C., e Piche, Y. 1998. Arquitetura e dinâmica de desenvolvimento do micélio externo do fungo micorrízico arbuscular *Glomus intraradices* cultivado em condições monoxénicas. Mycologia. 90(1): 52-62.
66. Bah, C. S. F., Bekhit, A. E-D. A., Carne, A., e McConnell, M. A. 2015. Produção de hidrolisados de peptídeos bioativos a partir de plasma de veado, ovelha e porco usando preparações de proteases vegetais e fúngicas. Food Chemistry. 176: 54-63.

67. Bahadir, P. S., Liaqat, F., e Eltem, R. 2018. Propriedades promotoras do crescimento vegetal de espécies *de Bacillus* solubilizadoras de fosfato isoladas da região do Egeu da Turquia. Turk J Bot. 42: 1-14.
68. Bahonar, A., Mehrafarin, A., Abdousi, V., Radmanesh, E., Moghadam, L., e Naghdi Badi, H. 2016. Alterações quantitativas e qualitativas do alecrim (*Rosemarinus officinalis* L.) em resposta à inoculação de fungos micorrízicos (*Glomus intraradices*) em ambientes salinos. Journal of Medicinal Plants. 15(57): 25-37.
69. Bais, H. P., Fall, R., e Vivanco, J. M. 2004. O biocontrolo de *Bacillus subtilis* contra a infeção de raízes de Arabidopsis por *Pseudomonas syringae* é facilitado pela formação de biofilme e pela produção de surfactina. Plant Physiol. 134: 307-319.
70. Bala, M., Kumar, S., Raghava, G. P., e Mayilraj, S. 2013. Projeto de sequência do genoma da estirpe BKS 20-40 de *Rhodococcus qingshengii*. Genome Announc. 1: e00128-13.
71. Bandiera, M., Mosca, G., e Vamerali, T. 2009. Os ácidos húmicos afectam as caraterísticas das raízes do rabanete forrageiro (*Raphanus sativus* L. var. *oleiformis* Pers.) em resíduos poluídos por metais. Desalination. 246(1-3): 78-91.
72. Banerjee, S., Palit, R., Sengupta, C., e Standing, D. 2010. Stress induced phosphate solubilization by *Arthrobacter* sp. and *Bacillus* sp. isolated from tomato rhizosphere. Asutralian Journal of Crop Science. 4(6): 378-383.
73. Baninasab, B. 2010. Indução de tolerância à seca pelo ácido salicílico em plântulas de pepino (*Cucumis sativus* L.). The Journal of Horticultural Science and Biotechnology. 85(3): 191-196.
74. Bargabus, R. L., Zidack, N. K., Sherwood, J. E., e Jacobsen, B. J. 2002. Characterization of systemic resistance in sugar beet elicited by a non-pathogenic, phyllosphere-colonizing *Bacillus mycoides*, biological control agent. Physiol Mol Plant Pathol. 61: 289-298.
75. Bargabus, R. L., Zidack, N. K., Sherwood, J. E., e Jacobsen, B. J. 2004. Rastreio para a identificação de potenciais agentes de controlo biológico que induzem resistência sistémica adquirida na beterraba sacarina. Biological Control. 30: 342-350.
76. Barros, T. C., Prado, R. D. M., Roque, C. G., Barzotto, G. R., e Wassolowski, C. R. 2018. Silício e ácido salicílico promovem diferentes respostas em plantas de leguminosas. Journal of Plant Nutrition. 41(16): 2116-2125.
77. Barros, T. C., Prado, R. D. M., Roque, C. G., Arf, M. V., e Vilela, R. G. 2019. Silício e ácido salicílico na fisiologia e produtividade do algodoeiro. Journal of Plant Nutrition. 42(5): 458-465.
78. Bayat, H., Shafie, F., Aminifard, M. H., e Daghighi, S. 2021. Efeitos comparativos de ácidos húmicos e fúlvicos como bioestimulantes no crescimento, atividade antioxidante e teor de nutrientes de yarrow (*Achillea millefolium* L.). Scientia Horticulturae. 279: 109912.
79. Bell, C. R., Dickie, G. A., e Chan, J. W. Y. F. 1995. Variablc rcsponse of

bacteria isolated from grapevine xylem to control grape crown gal disease in planta. Am J Enol Vit. 46: 499-508.
80. Bendaha, M. E. A., e Belaouni, H. A. 2020. Efeito da planta endofítica que promove o crescimento de Enterobacter ludwigii EB4B no crescimento do tomate. Hellenic Plant Protection Journal. 13: 54-65.
81. Benoit, T., Cloutier, M., Schop, R., Lowerison, M. W., e Khan, I. U. H. 2020. Avaliação comparativa de meios de crescimento e condições de incubação para melhorar a recuperação e o isolamento de *Acinetobacter baumannii* de matrizes aquáticas. Journal of Microbiological Methods. 176: 106023.
82. Benyahia, F. B., Kthiri, Z., Hamada, W., e Boureghda, H. 2020. *Trichoderma atroviride* infunde marcadores bioquímicos associados à resistência a *Fusarium culmorum*, o principal agente patogénico da podridão da coroa do trigo na Argélia. Ciência e Tecnologia do Biocontrolo. DOI: 10.1080/09583157.2020.1853676
83. Berini, F., Katz, C., Gruzdev, N., Casartelli, M., Tettamanti, G., e Marinelli, F. 2018. Quitinases microbianas e virais: Biopesticidas atraentes para o manejo integrado de pragas. Biotechnol Adv. 36: 818-838.
84. Beris, D., Theologidis, I., Skandalis, N., and Vassilakos, N. *Bacillus amyloliquefaciens* MBI600 induces salicylic acid dependent resistance in tomato plants against Tomato spotted wilt virus and Potato virus Y. Sci Rep. 8: 10320.
85. Betoudji, F., El Rahman, T. A., Miller, M. J., Ghosh, M., Jacques, M., Bouarab, K., e Malouin, F. 2020. Um análogo sideróforo da fimsbactina de *Acinetobacter* impede o crescimento do fitopatógeno Pseudomonas syringae e induz a preparação sistêmica da imunidade em *Arabidopsis thaliana*. Pathogens. 9(806): 1-12.
86. Bezza, F. A., Beukes, M., e Chirwa, E. M. N. 2015. Aplicação de biossurfactante produzido por *Ochrobactrum intermedium* CN3 para melhorar a biorremediação de lamas de petróleo. Bioquímica de Processos. 50(11); 1911-1922.
87. Bharti, N., Barnawal, D., Wasnik, K., Tewari, S. K., e Kalra, A. 2016. A coinoculação de *Dietzia natronolimnaea* e *Glomus intraradices* com vermicopost influencia positivamente o crescimento de *Ocimum basilicum* e a estrutura da comunidade microbiana residente em solos de baixa fertilidade afectados pelo sal. Applied Soil Ecology. 100: 211-225.
88. Bharti, N., Barnawal, D., Shukla, S., Tewari, S. K., Katiyar, R. S., e Kalra, A. 2016. A aplicação integrada de *Exiguobacterium oxidotolerans*, *Glomus fasciculatum* e vermicomposto melhora o crescimento, o rendimento e a qualidade de *Mentha arvensis* em solos com stress salino. Industrial Crops and Products. 83: 717-728.
89. Bhattacharya, A., Sood, P., e Citovsky, V. 2010. Os papéis dos fenólicos vegetais na defesa e comunicação durante a infeção por *Agrobacterium* e *Rhizobium*. Patologia Molecular das Plantas. 11(5): 705-719.
90. Bhattacharya, A., Naik, S. N., e Khare, S. K. 2019. Eficácia da

precipitação de calcita mediada por *Enterobacter cloacae* EMB19 ureolítica na remediação de Zn (II). Jornal de Ciência e Saúde Ambiental, Parte A. 54(6): 536542.
91. Bidondo, L. F., Silvani, V., Colombo, R., Pergola, M., Bompadre, J., e Godeas, A. 2011. Interações pré-simbióticas e simbióticas entre *Glomus intraradices* e duas espécies de *Paenibacillus* isoladas de propágulos de AM. Ensaios *in vitro* e *in vivo* com soja (AG043RG) como planta hospedeira. Biologia e Bioquímica do Solo. 43(9): 1866-1872.
92. Bidondo, L. F., Bompadre, K., Pergola, M., Silvani, V., Colombo, R., Bracamonte, F., e Godeas, A. 2012. Interação diferencial entre duas estirpes *de Glomus intraradices* e uma bactéria solubilizadora de fosfato na rizosfera do milho. Pedobiologia. 55(4): 227-232.
93. Bijanzadeh, E., Naderi, R., e Egan, T. P. 2019. Aplicação exógena de ácido húmico e ácido salicílico para aliviar o estresse da seca das mudas em dois híbridos de milho (*Zea mays* L.). Jornal de Nutrição Vegetal. 42(13): 1483-1495.
94. Blake, C., Christensen, M. N., e Kovacs, A. T. 2021. Aspectos moleculares da promoção e proteção do crescimento vegetal por *Bacillus subtilis*. Molecular PlantMicrobe Interactions. 34(1): 15-25.
95. Blaszczyk, L., Siwulski, M., Sobieralski, K., Lisiecka, J., e Jedryczka, M. 2014. *Trichoderma* spp. - aplicação e perspectivas de utilização na agricultura biológica e na indústria. Journal of Plant Protection Research. 54(4): 309-317.
96. Blaszczyk, L., Basinska-Barczak, A., Cwiek-Kupczynska, H., Gromadzka, K., Popiel, D., e Stepien, L. 2017. Efeito supressivo de *Trichoderma* spp. em espécies toxigénicas *de Fusarium*. Jornal Polaco de Microbiologia. 66(1): 85100.
97. Bordbar, G. A., e Madandoust, M. 2020. Influência do ácido salicílico no teor de óleo essencial e altera as suas composições em *Cuminum cyminum* L. Journal of Essential Oil Bearing Plants. 23(3): 622-627.
98. Boselli, M., Bahouaoui, M., Lachhab, N., Sanzani, S. M., e Ippolito, A. 2015. Vite: idrolizzati proteici contro lo stress idrico. L' Informatore Agrario. 22: 39-42.
99. Boukari, N., Jelali, N., Renaud, J. B., Youssef, R. B., Abdelly, C., e Hannoufa, A. 2019. A preparação de sementes de ácido salicílico melhora a tolerância à salinidade, deficiência de ferro e seu efeito combinado em dois ecótipos de alfafa. Botânica Ambiental e Experimental. 167: 103820.
100. Braziene, Z., Paltanavicius, V., e Avizienyte, D. 2021. A influência do ácido fúlvico na germinação de sementes de cereais de primavera e beterraba sacarina e na produtividade das plantas. Environmental Research. 195: 110824.
101. Brito, C., Dinis, L.-T., Ferreira, H., Coutinho, J., Moutinho-Pereira, J., e Correia, C. M. 2019. O ácido salicílico aumenta a adaptabilidade à seca de oliveiras jovens através de alterações no estado redox e no ionoma. Fisiologia e Bioquímica Vegetal. 141: 315-324.

102. Brust, F. R., Boff, L., Trentin, D. D. S., Rozales, F. P., Barth, A. L., e Macedo, A. J. 2019. Macrocolônia de *Enterobacter hormaechei* subsp. oharae produtora de NDM-1 gera subpopulações com diferentes caraterísticas quanto à resposta de agentes antimicrobianos e formação de biofilme. Pathogens. 8(49): 1-16.
103. Bubba, M. D., Ancillotti, C., Checchini, L., Ciofi, L., Fibbi, D., Gonnelli, C., e Mosti, S. 2013. Acumulação de crómio e alterações no crescimento das plantas, fenólicos e açúcares selecionados do tipo selvagem e geneticamente modificado *Nicotiana langsdorffii*. Journal of Hazardous Materials. 262: 394403.
104. Budseekoad, S., Yupanqui, C. t., Sirinupong, N., Alashi, A. M., Aluko, R. E., e Youravong, W. 2018. Caracterização estrutural e funcional de peptídeos de ligação de cálcio e ferro a partir de hidrolisado de proteína de feijão mungo. Jornal de Alimentos Funcionais. 49: 333-341.
105. Bulgari, R., Cocetta, G., Trivellini, A., Vernieri, P., e Ferrante, A. 2015. Bioestimulantes e respostas das culturas: uma revisão. Biol Agric Hortic. 31(1): 1-17.
106. Bunbury-Blanchette, A. L., e Walker, A. K. 2019. As espécies *de Trichoderma* mostram potencial de biocontrole em bioensaios de cultura dupla e estufa contra a podridão basal de cebola de Fusarium. Controlo Biológico. 130: 127-135.
107. Buyukkeskin, T., Akinci, S., e Eroglu, A. E. 2015. Efeitos do ácido húmico no desenvolvimento radicular e na absorção de nutrientes das mudas *de Vicia faba* L. (fava) cultivadas sob toxicidade do alumínio. Comunicações em Ciência do Solo e Análise de Plantas. 46(3): 277-292.
108. Byun, M. Y., Kim, D., Youn, U. J., Lee, S., e Lee, H. 2021. Melhoria da fotossíntese de musgo por ácidos húmicos do solo da tundra antártica. Fisiologia e Bioquímica de Plantas. 159: 37-42.
109. Caamano-Antelo, S., Fernandez-No, I. C., Bohme, K., Ezzat-Alnakip, M., Quintela-Baluja, M., Barros-Velazquez, J., e Calo-Mata, P. 2015. Discriminação genética de Bacillus spp. patogénicos e de deterioração de origem alimentar com base em três genes de manutenção. Food Microbiology. 46: 288-298.
110. Cacciari, I., e Lippi, D. 1987. Arthrobacters: bactérias de sucesso em solos áridos: Uma revisão. Arid Soil Research and Rehabilitation. 1(1): 1-30.
111. Calvo, P., Nelson, L., Kloepper, J. W. 2014. Usos agrícolas de bioestimulantes vegetais. Planta e Solo. 383: 3-41.
112. Canellas, L. P., e Olivares, F. L. 2014. Respostas fisiológicas a substâncias húmicas como promotoras de crescimento vegetal. Tecnologias químicas e biológicas na agricultura. 1(3): 1-11.
113. Canellas, L. P., Olivares, F. L., Aguiar, N. O., Jones, D. L., Nebbioso, A., Mazzei, P., e Piccolo, A. 2015. Ácido húmico e ácidos fúlvicos como bioestimulantes na horticultura. Scientia Horticulturae. 196: 15-27.
114. Cao, L., Jiang, M., Zing, Z., Du, A., Tan, H., e Liu, Y. 2008. *Trichoderma atroviride* F6 melhora a eficiência de fitoextracção da mostarda

(*Brassica juncea* (L.) Coss. Var. *foliosa* Bailey) em solos contaminados com Cd e Ni. Chemosphere. 71(9): 1769-1773.

115. Cao, D., He, S., Li, X., Shi, L., Wang, F., Yu, S., Xu, S., Ju, C., Fang, H., e Yu, Y. 2021. Caracterização, análise funcional do genoma e desintoxicação de atrazina por *Arthrobacter* sp. C2. Chemosphere. 264(2): 128514.

116. Caporale, A. G., Adamo, P., Azam, S. M. G. G., Rao, M. A., e Pigna, M. 2018. Os ácidos húmicos ou a fertilização mineral podem mitigar a mobilidade e a disponibilidade de arsênico para as plantas de cenoura (*Daucus carota* L.) em um solo vulcânico poluído por As da água de irrigação? Chemosphere. 193: 464-471.

117. Capstaff, N. M., Morrison, F., Cheema, J., Brett, P., Hill, L., Munoz-Garcia, J. C., Khimyak, Y. Z., Domoney, C., e Miller, A. J. 2020. O ácido fúlvico aumenta o crescimento das leguminosas forrageiras, induzindo uma regulação positiva preferencial da nodulação e dos genes relacionados com a sinalização. Journal of Experimental Botany. 71(18): 5689-5704.

118. Carretero, C. L., Cantos, M., Garcia, J. L., Azcon, R., e Troncoso, A. 2009. Respostas de crescimento de clones de mandioca micropropagados afetadas pela colonização de *Glomus Intraradices*. Journal of Plant Nutrition. 32(2): 261273.

119. Caruso, T., Mafrica, R., Bruno, M., Vescio, R., e Sorgona, A. 2021. Traços arquitetônicos da raiz de estacas enraizadas de duas cultivares de figo: Tratamentos com formulação de fungos micorrízicos arbusculares. Scientia Horticulturae. 283: 110083.

120. Castillo, O. S., Dasgupta-Schubert, N., Alvarado, C. J., Zaragoza, E. M., e Villegas, H. J. 2011. O efeito da simbiose entre *Tagetes erecta* L. (calêndula) e *Glomus intraradices* na absorção de cobre (II) e suas implicações para a fitorremediação. Nova Biotecnologia. 29(1): 156164.

121. Castro, T. A. V. T. D., Berbara, R. L. L., Tavares, O. C. H., Mello, D. F. D. G., Pereira, E. G., Souza, C. D. C. B. D., Espinosa, L. M., e Garcia, A. C. 2021. Os ácidos húmicos induzem um estado de eustress via fotossíntese e metabolismo do nitrogênio, levando a uma melhoria no crescimento radicular em plantas de arroz. Fisiologia e Bioquímica Vegetal. 162: 171-184.

122. Cazorla, F. M., Romero, D., Perez-Garcia, A., Lugtenberg, B. J. J., Vicente, Ad., e Bloemberg, G. 2007. Isolamento e caraterização de estirpes antagonistas *de Bacillus subtilis* do rizoplano do abacate com atividade de biocontrolo. J Appl Microbiol. 103: 1950-1959.

123. Cerdan, M., Sanchez-Sanchez, A., Jorda, D. J., Juarez, M., e Andreu, J. S. 2013. Efeito de aminoácidos comerciais na nutrição de ferro de plantas de tomate cultivadas sob deficiência de ferro induzida por cal. J Plant Nutr. Soil Sci. 176: 1-8.

124. Cereijo, A. E., Kuhn, M. L., Hernandez, M. A., Ballicora, M. A., Iglesias, A. A., Alvarez, H. M., e Diez, A. 2021. Estudo de genes *galU* duplicados em *Rhodococcus jostii* e um novo nó metabólico putativo para glucosamina-1P em rodococos. Biochimica et Biophysica Ata (BBA)-

Assuntos Gerais. 1865(1): 129727.
125. Cesaro, P., van Tuinen, D., Copetta, A., Chatagnier, O., Berta, G., Gianinazzi, S., e Lingua, G. 2008. Colonização preferencial de raízes de *Solanum tuberosum* L. pelo fungo *Glomus intraradices* em solo arável de uma área de cultivo de batata. Microbiologia Aplicada e Ambiental. 74(18): 5776-5783.
126. Chakma, R., Biswas, A., Saekong, P., Ullah, H., e Datta, A. 2021. A aplicação foliar e a preparação de sementes de ácido salicílico afetam o crescimento, a produção de frutos e a qualidade do tomate grae sob estresse hídrico. Scientia Horticulturae. 280: 109904.
127. Chandra, D., Srivastava, R., Glick, B. R., e Sharma, A. K. 2018. Pseudomonas spp. tolerantes à seca melhoram o desempenho de crescimento do milheto (*Eleusine coracana* (L.) Gaertn.) sob condições não estressadas e estressadas pela seca. Pedosphere. 28(2): 227-240.
128. Chaparzadeh, N., e Hosseinzad-Behboud, H. 2015. Evidência de aumento dos danos oxidativos induzidos pela salinidade por ácido salicílico em Rabanete (*Raphanus sativus* L.). Jornal de Fisiologia e Melhoramento de Plantas. 5(1); 23-33.
129. Chavoushi, M., Najafi, F., Salimi, A., e Angaji, S. A. 2019. Melhoria da tolerância ao estresse hídrico do cártamo durante o crescimento vegetativo pela aplicação exógena de ácido salicílico e nitroprussiato de sódio. Culturas e produtos industriais. 134: 168-176.
130. Chavoushi, M., Najafi, F., Salimi, A., e Angaji, S. A. 2020. Efeito do ácido salicílico e do nitroprussiato de sódio nos parâmetros de crescimento, pigmentos fotossintéticos e metabolitos secundários do cártamo sob stress hídrico. Scientia Horticulturae. 259: 108823.
131. Chen, F., Wang, M., Zheng, Y., Luo, J., Yang, X., e Wang, X. 2010. Alterações quantitativas das enzimas de defesa das plantas e da fito-hormona no biocontrolo da murcha de Fusarium do pepino por *Bacillus subtilis* B579. World J Microbiol Biotechnol. 26: 675-684.
132. Chen, S., Lin, R., Lu, H., Wang, Q., Yang, L., Liu, J., e Yan, C. 2020. Efeitos dos ácidos fenólicos na eliminação de radicais livres e biodisponibilidade de metais pesados em *Kandelia obovata* sob estresse de cádmio e zinco. Chemosphere. 249: 126341.
133. Cheng, Y., Xie, Y., Zheng, J., Wu, Z., Chen, Z., Ma, X., Li, B., e Lin, Z. 2009. Identificação e caraterização da proteína que responde ao crómio (VI) de um *Ochrobactrum anthropi* CTS-325 recentemente isolado. Journal of Environmental Sciences. 21(22): 1673-1678.
134. Cheng, X., Fang, T., Zhao, E., Zheng, B., Huang, B., An, Y., e Zhou, P. 2020. Papéis protetores do ácido salicílico na manutenção da integridade e funções dos fotossistemas fotossintéticos para alfafa (*Medicago sativa* L.) tolerância à toxicidade do alumínio. Fisiologia e Bioquímica de Plantas. 155: 570-578.
135. Choi, H. K., Song, G. C., Yi, H. S., e Ryu, C. M. 2014. Avaliação de campo do derivado volátil bacteriano 3-pentanol em priming para resistência

induzida em pimenta. J Chem Ecol. 40: 882-892.
136. Chu, T. N., Tran, B. T. H., Bui, L. V., e Hoang, M. T. T. 2019. A rizobactéria promotora de crescimento de plantas Pseudomonas PS01 induz tolerância ao sal em *Arabidopsis thaliana*. Notas de Pesquisa BMC. 12(11): 1-7.
137. Colla, G., Svecova, R., Rouphael, Y., Cardarelli, M., Reynaud, H., Canaguier, R., e Panques, B. 2013. Eficácia de um hidrolisado de proteínas derivadas de plantas para melhorar o desempenho das culturas em diferentes condições de crescimento. Ata Hortic. 1009: 175-179.
138. Colla, G., Rouphael, Y., Canaguier, R., Svecova, E., e Cardarelli, M. 2014. Ação bioestimulante de um hidrolisado proteico derivado de plantas produzido por hidrólise enzimática. Front Plant Sci. 5: 448.
139. Colla, G., Rouphael, Y., Di Mattia, E., El-Nakhel, C., e Cardaelli, M. 2014. A co-inoculação de *Glomus intraradices* e *Trichoderma atroviride* actua como um bioestimulante para promover o crescimento, o rendimento e a absorção de nutrientes das culturas hortícolas. Journal of the Science of Food and Agriculture. 95(8): 1-10.
140. Colla, G., Nardi, S., Cardarelli, M., Ertani, A., Lucini, L., Canaguier, R., e Rouphael, Y. 2015. Hidrolisados de proteínas como bioestimulantes na horticultura. Scientia Horticulturae. 196: 28-38.
141. Colla, G., Cardarelli, M., Bonini, P., e Rouphael, Y. 2017. As aplicações foliares de hidrolisado de proteínas, extratos de plantas e algas marinhas aumentam o rendimento, mas modulam diferencialmente a qualidade dos frutos do tomate em estufa. HortScience. 52(9): 1214-1220.
142. Comi, G., e Cantoni, C. 2011. Bactérias *psicrotróficas/Arthrobacter* spp. 2011. Enciclopédia de Ciências do Leite (Segunda Edição). 372-378.
143. Contreras-Cornejo, H. A., Macias-Rodriguez, L., Del-Val, Ek., e Larsen, J. 2018. O fungo endofítico da raiz *Trichoderma atroviride* induz resistência à herbivoria foliar em plantas de milho. Ecologia Aplicada do Solo. 124: 4553.
144. Contreras-Cornejo, H. A., Del-Val, Ek., Macias-Rodriguez, L., Alarcon, A., Gonzalez-Esquivel, C. E., e Larsen, J. 2018. *Trichoderma atroviride*, um fungo associado à raiz do milho, aumenta a taxa de parasitismo do verme do outono *Spodoptera frugiperda* por seu inimigo natural *Campoletis sonorensis*. Soil Biology and Biochemistry. 122: 196-202.
145. Cueto, J. D., Kosinska-Cagnazzo, A., Stefani, P., Heritier, J., Roch, G., Oberhansli, T., Audergon, J.-M., e Christen, D. 2021. Compostos fenólicos identificados em tecidos de ramos de damasco e seu papel no controle do crescimento de *Monilinia laxa*. Scientia Horticulturae. 275: 109707.
146. Cueto-Ginzo, A. I., Serrano, L., Bostock, R. M., Ferrio, J. P., Rodriguez, R., Arcal, L., Achon, M. A., Falcioni, T., Luzuriaga, W. P., e Medina, V. 2016. O ácido salicílico atenua as alterações fisiológicas e proteómicas induzidas pela estirpe SPCP1 do Potato *virus X* em plantas de tomate. Patologia Vegetal Fisiológica e Molecular. 93: 1-11.
147. Daghaghian, H., Mortazaie Nejad, F., e Bahreininejad, B. 2017.

Resposta fisiológica da planta medicinal alcachofra (*Cynara scolymus* L.) ao ácido salicílico exógeno em condições de salinidade no campo. The Journal of Horticultural Science and Biotechnology. 92(4): 389-396.
148. Damalas, C. A. 2019. Melhoria da tolerância à seca no manjericão doce (*Ocimum basilicum*) com ácido salicílico. Scientia Horticulturae. 246: 360365.
149. Daneshvar, N., Maibodi, H., Kafi, M., Nikbakht, A., e Rejali, F. 2015. Efeito das aplicações foliares de ácido húmico no crescimento, qualidade visual, teor de nutrientes e parâmetros radiculares do azevém perene (*Lolium perenne* L.). Jornal de Nutrição Vegetal. 38(2): 224-236.
150. Daniela Novoa, M., Soledad Palma, S., e Hernan Gaete, O. 2010. Efeito da inoculação de fungos micorrízicos arbusculares *Glomus* spp. em solos de crescimento de alfafa com cobre. Revista Chilena de Investigação Agrícola. 70(2): 259-265.
151. Darvizheh, H., Zahedi, M., Abbaszadeh, B., e Razmjoo, J. 2019. Mudanças em algumas enzimas antioxidantes e índices fisiológicos de coneflower roxo (*Echinacea purpurea* L.) em resposta ao déficit hídrico e aplicação foliar de ácido salicílico e espermina em condições de campo. Scientia Horticulturae. 247: 390-399.
152. Dash, P., e Ghosh, G. 2018. Perfil de aminoácidos e atividade antimicrobiana de hidrolisados de proteínas de sementes de *Cucurbita moschata* e *Lagenaria siceraria*. Pesquisa de produtos naturais. 32(17): 2050-2053.
153. Datnoff, L. E., Nemec, S., e Pernezny, K. 1995. Biological control of fusarium crown and root rot of tomato in Florida using *Trichoderma harzianum* and *Glomus intraradices*. Biological Control. 5(3): 427-431.
154. David, P. P., Nelson, P. V., e Sanders, D. C. 1994. Um ácido húmico melhora o crescimento de mudas de tomate em cultura de solução. Journal of Plant Nutrition. 17(1): 173-184.
155. Davies, P. J. 2010. As hormonas vegetais: A sua natureza, ocorrência e funções. In: Davies P.J. (ed.): Plant Hormones: Biosynthesis, Signal Transduction and Action, 3rd Edition. Dordrecht, Springer Science + Business Media B.V., 1-15.
156. Dehghanian, S. Z., Abdollahi, M., Charehgani, H., e Niazi, A. 2020. Combinação de ácido salicílico e *Pseudomonas fluorescens* CHA0 na expressão do gene *PR1* e controle de *Meloidogyne javanica* em tomate. Controlo Biológico. 141: 104134.
157. Dehnavi, A. R., Zahedi, M., Ramjoo, J., e Eshghizadeh, H. 2019. Efeito da aplicação exógena de ácido salicílico no crescimento de sorgo estressado por sal e no conteúdo de nutrientes. Jornal de Nutrição Vegetal. 42(11-12): 13331349.
158. De Lima, F. B., Felix, C., Osorio, N., Alves, A., Vitorino, R., Domingues, P., Correira, A., Ribeiro, R. T. D. S., e Esteves, A. C. 2016. Análise do secretoma de *Trichoderma atroviride* T17 no biocontrolo de *Guignardia citricarpa*. Controlo Biológico. 99: 38-46.

159. Desai, S., Bagyaraj, D. J., e Ashwin, R. 2019. A inoculação com consórcio microbiano promove o crescimento de mudas de tomate e capsicum criadas em retratos. Proc Natl Acad Sci India Sect B Biol Sci. DOI: 10.1007/s40011-019-01078w
160. Deshwal, V. K., e Kumar, P. 2013. Atividade promotora do crescimento vegetal de *Pseudomonads* na cultura do arroz. Jornal Internacional de Microbiologia Atual e Ciências Aplicadas. 2(11): 152-157.
161. De Souza, R., Meyer, J., Schoenfeld, R., da Costa, P. B., e Passaglia, L. M. P. 2015. Caracterização de bactérias promotoras de crescimento vegetal associadas ao arroz cultivado em solos com estresse de ferro. Ann Microbiol. 65: 951-964.
162. Dey, S., e Paul, A. K. 2018. Influência de íons metálicos na formação de biofilme por *Arthrobacter* sp. SUK 1205 e avaliação de sua eficácia na remoção de Cr (VI). Biodeterioração Internacional e Biodegradação. 132: 122-131.
163. Dhaouadi, S., Mougou, A., Wu, C. J., Gleason, M. L., e Rhouma, A. 2020. Análise da sequência dos genes 16S rDNA, *gyr* B e *alk* B de espécies *de Rhodococcus* associadas a plantas da Tunísia. International Journal of Systematic and Evolutionary Microbiology. 70(12): 6491-6507.
164. Dhaouadi, S., Hamdane, A. M., e Rhouma, A. 2021. Isolamento e caraterização de *Rhodococcus* spp. de porta-enxertos e árvores de pistácio e amêndoa na Tunísia. Agronomia. 11(355): 1-17.
165. Dheeman, S., Baliyan, N., Dubey, R. C., Maheshwari, D. K., Kumar, S., e Chen, L. 2020. Efeitos combinados de *Bacillus* rizosférico e não rizosférico competitivos na promoção do crescimento de plantas e melhoria do rendimento de *Eleusine coracana* (Ragi). Jornal Canadiano de Microbiologia. 66(2): 111-124.
166. Diaz, P. A. E., Barão, N. C., e Rigobelo, E. C. 2019. *Bacillus* spp. como bactérias promotoras do crescimento de plantas em algodão em condições de estufa. Australian Journal of Crop Science. 13(12): 2003-2014.
167. Dincsoy, M., e Sonmez, F. 2019. O efeito das aplicações de potássio e ácido húmico no rendimento e no conteúdo de nutrientes do trigo (*Triticum aestivum* L. var. Delfii) com as mesmas propriedades do solo. Journal of Plant Nutrition. 42(20): 2757-2772.
168. Ding, X., Peng, X. J., Jin, B. S., Xiao, M., Chen, J. K., Li, B., e Nie, M. 2015. Distribuição espacial de comunidades bacterianas impulsionadas por múltiplos fatores ambientais em uma zona úmida de praia do maior lago de água doce em
China. Front Microbiol. 6: 129.
169. Ding, P., e Ding, Y. 2021. Histórias de ácido salicílico: Uma hormona de defesa das plantas. Tendências em Ciências Vegetais. 25(6): 549-565.
170. Dolatabadian, A., Sanavy, S. A. M. M., e Sharifi, M. 2009. Effect of salicylic acid and salt on wheat seed germination (Efeito do ácido salicílico e do sal na germinação de sementes de trigo). Ata Agriculturae Scandinavica, Secção B- Ciência do Solo e das Plantas. 59(5): 456-464.

171. Dong, H. R., et al. 2016. Influência do ácido fúlvico na estabilidade coloidal e na reatividade do ferro nano-valente de escala zero. Environ Pollut. 211: 363-369.
172. Dong, Y., Chen, W., Liu, F., e Wan, Y. 2016. Efeitos do ácido salicílico exógeno e do óxido nítrico no crescimento de mudas de amendoim sob deficiência de ferro. Comunicações em Ciência do Solo e Análise de Plantas. 47(22): 2490-2505.
173. Dou, S., Shan, J., Song, X., Cao, R., Wu, M., Li, C., e Guan, S. 2020. As substâncias húmicas são resíduos microbianos do solo ou compostos sintetizados únicos? Uma perspetiva sobre sua distinção. Pedosphere. 30(2): 159167.
174. Dudhane, M., Borde, M., e Jite, P. K. 2012. Efeito da toxicidade do alumínio nas respostas de crescimento e atividades antioxidantes em *Gmelina arborea* Roxb. inoculado com fungos am. Jornal Internacional de Fitorremediação. 14(7): 643-655.
175. Duponnois, R., Colombet, A., Hien, V., e Thioulouse, J. 2005. O fungo micorrízico *Glomus intraradices* e a emenda de fosfato de rocha influenciam o crescimento das plantas e a atividade microbiana na rhisozphere de *Acacia holosericea*. Soil Biology and Biochemistry. 37: 1460-1468.
176. Dutra, P. V., Abad, M., Almela, V., e Agusti, M. 1996. A interação da auxina com o fungo micorrízico vesicular-arbuscular *Glomus intraradices* Schneck & Smith melhora o crescimento vegetativo de dois porta-enxertos de citrinos. Scientia Horticulturae. 66(1-2): 77-83.
177. Eisenhauer, N., Konig, S., Sabais, A. C. W., Renker, C., Buscot, F., e Scheu, S. 2009. Os impactos das minhocas e dos fungos micorrízicos arbuscílicos (*Glomus intraradices*) no desempenho das plantas não estão inter-relacionados. Biologia e Bioquímica do Solo. 41(3): 561-567.
178. El-Aal, M. A., e Eid, R. S. Efeito da pulverização foliar com lithovit e aminoácidos no crescimento, bioconstituintes, caraterísticas anatómicas e de rendimento da planta de soja. Plant Biotechnol. 2018: 187-201.
179. El-Beltagi, H. S., Ahmed, S. H., Namich, A. A. M., e Abdel-Sattar, R. R. 2017. Efeito do ácido salicílico e do citrato de potássio no algodão sob stress salino. Boletim Ambiental Fresenius. 26(1a): 1091-1100.
180. Elena, A., Diane, L., Eva, B., Marta, F., Foberto, B., Zamarreno, A. M., e Garcia-Mina, J. M. 2009. A aplicação na raiz de um ácido húmico de leonardita purificado modificou a regulação transcricional da deficiência de Fe em plantas de pepino suficientes para Fe. Fisiologia e Bioquímica de Plantas. 47(3): 215-223.
181. El-Mageed, T. A. A., Semida, W. M., Mohamed, G. F., e Rady, M. M. 2016. Efeito combinado do ácido salicílico aplicado foliarmente e da irrigação deficitária nas respostas fisiológicas-anatómicas e no rendimento das plantas de abóbora em solo salino. South African Journal of Botany. 106: 8-16.
182. Elrys, A., Abdo, A. I. E., Abdel-Hamed, E. M. W., e Desoky, E.-S. M. 2020. A aplicação integrativa de extrato de raiz de alcaçuz ou ácido lipóico

com ácido fúlvico melhora a produção e as defesas do trigo em condições de estresse salino. Ecotoxicologia e Segurança Ambiental. 190: 110144.
183. Enteshari, S., e Sharifian, S. 2012. Influência do ácido salicílico no crescimento e em alguns parâmetros bioquímicos numa planta C4 (*Panicum miliaceum* L.) em condições salinas. Jornal Africano de Biotecnologia. 11(3): 621627.
184. Ernst, W. H. O., Kraak, M. H. S., e Stoots, L. 1987. Crescimento e nutrição mineral de *Scrophularia nodosa* com várias combinações de ácidos fúlvicos e húmicos. Journal of Plant Physiology. 127(1-2): 171-175.
185. Ertani, A., Cavani, L., Pizzeghello, D., Brandellero, E., Altissimo, A., Ciavatta, C., e Nardi, S. 2009. Actividades bioestimulantes de dois hidrolisados de proteínas sobre o crescimento e o metabolismo do azoto em plântulas de milho. J Plant Nutr Soil Sci. 172: 237-244.
186. Ertani, A., Schiavon, M., Muscolo, A., e Nardi, S. 2013. O bioestimulante derivado de plantas de alfafa estimula o crescimento a curto prazo de plantas *de Zea mays* L. com stress salino. Solo vegetal. 364: 145-158.
187. Ertani, A., Pizzeghello, D., Francioso, O., Sambo, P., Sanchez-Cortes, S., e Nardi, S. 2014. O crescimento e as propriedades nutracêuticas *de Capsicum chinensis* L. são aprimorados por bioestimulantes em um período de longo prazo: abordagens químicas e metabolômicas. Fronteiras em Ciência das Plantas. 5: 375.
188. Eschbach, M., Mobitz, H., Rompf, A., e Jahn, D. 2003. Membros do género *Arthrobacter* cultivados anareobicamente utilizando amonificação de nitratos e processos fermentativos: adaptação anaeróbia de bactérias aeróbias abundantes no solo. FEMS Microbiology Letters. 223(2): 227-230.
189. Esringu, A., Sezen, I., Aytatli, B., e Ercisil, S. 2015. Efeito da aplicação de ácido húmico e fúlvico nos parâmetros de crescimento em *Impatiens walleriana* L. Akademik Ziraat Dergisi. 4(1): 37-42.
190. Estaji, A., e Niknam, F. 2020. Foliar salicylic acid apraying effect' no crescimento, conteúdo de óleo de semente e fisiologia de plantas *de Silybum marianum* L. em situação de seca. Agricultural Water Manageemnt. 234: 106116.
191. Egamberdieva, D. 2011. Sobrevivência de *Pseudomonas extremorientalis* TSAU20 e *P. chlororaphis* TSAU13 na rizosfera do feijão comum (*Phaseolus vulgaris*) em condições salinas. Plant Soil Environ. 57(3): 122127.
192. Eguchi, Y., Bela, J. S., e Shetty, K. 1998. Simulação da embriogénese somática em Anis (*Pimpinella anisum*) utilizando hidrolisados de proteínas de peixe e prolina. Journal of Herbs, Spieces and Medicinal Plants. 5(3): 61-68.
193. Eguchi, Y., Milazzo, M. C., Ueno, K., e Shetty, K. 2000. Partial improvement of vitrification and acclimation of Oregano (*Origanum vulgare* L.) tissue cultures by fish protein hydrolysates. Journal of Herbs, Spices and Medicinal Plants. 6(4): 29-38.

194. Ehteshamul-Haque, S., Sultana, V., Ara, J., e Athar, M. 2007. Resposta da cultivar contra fungos que infectam as raízes e eficácia de *Pseudomonas aeruginosa* no controlo da podridão radicular da soja. Plant Biosystems-An International Journal Dealing with all Aspects of Plant Biology. 141(1): 5155.
195. Ekin, Z. 2019. Uso integrado de ácido húmico e rizobactérias promotoras de crescimento vegetal para garantir maior produtividade da batata na agricultura sustentável. Sustainability. 11(3417): 1-13).
196. Elhindi, K. M., Al-Amri, S. M., Abdel-Salam, E. M., e Al- Suhaibani, N. A. 2017. Eficácia do ácido salicílico na mitigação dos efeitos adversos induzidos pelo sal de diferentes atributos físico-bioquímicos no manjericão doce (*Ocimum basilicum* L.). Jornal de Nutrição Vegetal. 40(6): 908-919.
197. Elkoca, E., Kantar, F., e Sahin, F. 2007. Influência das bactérias fixadoras de azoto e solubilizadoras de fósforo na nodulação, crescimento das plantas e rendimento do grão-de-bico. J Plant Nutr. 31: 157-171.
198. Elvira-Recuenco, M., e Van Vuurde, J. W. L. 2000. Natural incidence of endophytic bacteria in pea cultivars under field conditions (Incidência natural de bactérias endofíticas em cultivares de ervilha em condições de campo). Can J Microbiol. 46: 1036-1041.
199. Eraslan, F., Inal, A., Gunes, A., e Alpaslan, M. 2007. Impacto do ácido salicílico exógeno no crescimento, atividade antioxidante e fisiologia de plantas de cenoura sujeitas a salinidade combinada e toxicidade de boro. Scientia Horticulturae. 113(2): 120-128.
200. Erdemci, I. 2020. Efeito de rizobactérias *fluorescentes de Pseudomonas* no crescimento e na qualidade das sementes de lentilha (*Lens culinaris* Medik.). Comunicações em Ciência do Solo e Análise de Plantas. 51(14): 1852-1858.
201. Erdogan, O., e Benlioglu, K. 2010. Controlo biológico da murcha *de Verticillium* no algodão através da utilização de *Pseudomonas* spp. fluorescentes em condições de campo. Biological Control. 53(1): 39-45.
202. Ertani, A., Pizzeghello, D., Francioso, O., Sambo, P., Sanchez-Cortes, S., e Nardi, S. 2014. O crescimento de *Capsicum chinensis* L. e as propriedades nutracêuticas são aumentados por bioestimulantes em um período de longo prazo: abordagens químicas e metabolômicas. Front Plant Sci. 5: 1-12.
203. Esquivel-Naranjo, E., e Herrera-Estrella, A. 2020. Forte preferência pela integração de DNA transformador via recombinação homóloga em *Trichoderma atroviride*. Fungal Biology. 124(10): 854863.
204. Evelin, H., Giri, B., e Kapoor, R. 2012. Contribuição da inoculação de Glomus intraradices para a aquisição de nutrientes e mitigação do desequilíbrio iónico em *Trigonella foenum-graecum* com stress de NaCl. Mycorrhiza. 22: 203-217.
205. Eyheraguibel, B., Silvestre, J., e Morad, P. 2008. Efeitos de substâncias húmicas derivadas do melhoramento de resíduos orgânicos no crescimento e na nutrição mineral do milho. Bioresource Technology.

99(10): 4206-4212.
206. Fagbenro, J. A., e Agboola, A. A. 1993. Efeito de diferentes níveis de ácido húmico no crescimento e absorção de nutrientes de plântulas de teca. Journal of Plant Nutrition. 16(8): 1465-1483.
207. Fan, P., Chen, D., He, Y., Zhou, Q., Tian, Y., e Gao, L. 2016. Aliviando o estresse salino em mudas de tomate usando *Arthrobacter* e *Bacillus megaterium* isolados da rizosfera de plantas silvestres cultivadas em terras salino-alcalinas. International Journal of Phytoremediation. 18(11): 11131121.
208. Fang, Z., Wang, X., Zhang, X., Zhao, D., e Tao, J. 2020. Efeitos do ácido fúlvico nas caraterísticas fotossintéticas e fisiológicas de *Paeonia ostii* sob estresse hídrico. Sinalização e comportamento da planta. 15(7): 1774714.
209. Farahbakhsh, H., Pasandi Pour, A., e Reiahi, N. 2017. Resposta fisiológica da hena (*Lawsonia inermise* L.) ao ácido salicílico e à salinidade. Ciência da Produção Vegetal. 20(2): 237-247.
210. Farghaly, F. A., Salam, H. Kh., Hamada, A. M., e Radi, A. A. 2021. O papel do ácido benzoico, ácido gálico e ácido salicílico na proteção das células do calo do tomate do stress excessivo de boro. Scientia Horticulturae. 278: 109867.
211. Farhangi-Abriz, S., e Ghassemi-Golezani, K. 2018. Como o ácido salicílico e o ácido jasmônico podem mitigar a toxicidade do sal em plantas de soja? Ecotoxicologia e Segurança Ambiental. 147: 1010-1016.
212. Farhangi-Abriz, S., Alaee, T., e Tavasolee, A. 2019. O ácido salicílico, mas não o ácido jasmônico, melhorou a resposta da raiz da canola ao estresse da salinidade. Rhizosphere. 9: 69-71.
213. Farhat, A., Chouayekh, H., Farhat, M. B., Bouchaala, K., e Bejar, S. 2008. Clonagem de genes e caraterização da fitase termoestável de *Bacillus subtilis* US417 e avaliação do seu potencial como aditivo alimentar em comparação com uma enzima comercial. Mol Biotechnol. 40: 127.
214. Fatemi, H., Mohammadi, S., e Aminifard, M. H. 2013. Efeito do tratamento pós-colheita com ácido salicílico na decomposição fúngica e em alguns factores de qualidade pós-colheita do kiwi. Arquivos de Fitopatologia e Proteção das Plantas. 46(11): 1338-1345.
215. Fathi, Sh., e Najafian, Sh. 2020. Propriedades morfofisiológicas e bioquímicas de *Carum copticum* (L.): efeitos do ácido salicílico. Jornal Iraniano de Fisiologia Vegetal. 10(2): 3103-3112.
216. Fatima, T., e Arora, N. K. 2021. *Pseudomonas entomophila* PE3 e seus exopolissacarídeos como bioestimulantes para aumentar o crescimento, o rendimento e as respostas de tolerância do girassol em condições salinas. Microbiological Research. 244: 126671.
217. Ferreira, N. C., Mazzuchelli, R. D. L. M., Pacheco, A. C., de Araujo, F. F., Antunes, J. E. L., e de Araujo, A. S. F. 2018. *Bacillus subtilis* melhora a tolerância do milho à salinidade. Ciencia Rural, Santa Maria. 48(8): 1-4.
218. Field, E. K., Blaskovich, J. P., Peyton, B. M., e Gerlach, R. 2018. Mecanismos de toxicidade de cromato dependentes de carbono em um

isolado ambiental *de Arthrobacter*. Journal of Hazardous Materials. 355: 162-169.

219. Figueroa-Perez, M. G., Perez-Ramirez, I. F., Enciso-Moreno, J., Gallegos-Corona, M. A., Salgado, L. M., e Reynoso-Camacho, R. 2018. A neftopatia diabética é melhorada com infusões de hortelã-pimenta (*Mentha piperita*) preparadas a partir de plantas elitizadas com ácido salicílico. Journal of Functional Foods. 43: 55-61.

220. Fira, D., Dimkic, I., Beric, T., Lozo, J., e Stankovic, S. 2018. Controle biológico de patógenos de plantas por espécies de *Bacillus*. J Biotechnol. 285: 44-55.

221. Flores, A. C., Luna, A. A. E., e Portugal, O. P. 2007. Melhoria do rendimento e da qualidade de flores de calêndula por inoculação com *Bacillus subtilis* e *Glomus faciculatum*. J Sustain Agr. 31: 21-31.

222. Francis, I. M., Stes, E., Zhang, Y., Rangel, D., Audenaert, K., e Vereecke, D. 2016. Mineração do genoma de *Rhodococcus fascians*, uma bactéria promotora do crescimento de plantas extraviada. Nova Biotecnologia. 33(5): 706717.

223. Freitas, M. A., Medeiros, F. H., Carvalho, S. P., Guilherme, L. R., Teixeira, W. D., Zhang, H., e Pare, P. W. 2015. Aumento da acumulação de ferro na mandioca pela bactéria benéfica do solo *Bacillus subtilis* (GBO3). Front Plant Sci. 6: 596.

224. Fries, L. L. M., Pacovsky, B. S., e Safir, G. R. 1996. Expressão de isoenzimas alteradas pela colonização *de Glomus intraradices* e pela aplicação de formononetina em raízes de milho (*Zea mays* L.). Soil Biology and Biochemistry. 28(8): 981-988.

225. Fuloria, A., Saraswat, S., e Rai, J. P. N. 2009. Effect of *Pseudomonas fluorescens* on metal phytoextraction from contaminated soil by *Brassica juncea*. Chemistry and Ecology. 25(6): 385-396.

226. Gad, S. B. 2019. Eficácia da imersão de sementes de algodão em ácido salicílico e silicato de potássio na redução da infeção por nematóides reniformes. Arquivos de Fitopatologia e Proteção de Plantas. 52(15-16): 1149-1160.

227. Gallagher, P., e Baker, S. 2020. Desenvolvimento de novas abordagens terapêuticas para o tratamento de infecções causadas por *Acinetobacter baumannii* multirresistente, *Acinetobacter baumannii* therapeutics. Journal of Infection. 81: 857-861.

228. Gamez, R., Cardinale, M., Montes, M., Ramirez, S., Schnell, S., e Rodriguez, F. 2019. Triagem, promoção do crescimento vegetal e padrão de colonização radicular de duas rizobactérias (*Pseudomonas fluorescens* Ps006 e *Bacillus amyloliquefaciens* Bs006) na banana cv. Williams (*Musa acuminate* Colla). Microbiological Research. 220: 12-20.

229. Gao, X., Zhou, Y., Zhu, X., Tang, H., Li, X., Jiang, Q., Wei, W., e Zhang, X. 2021. *Enterobacter cloacae*: Um provável agente etiológico associado ao crescimento lento do camarão gigante de água doce *Macrobrachium rosenbergii*. Aquaculture. 530: 735826.

230. Garcia, A. C., Santos, L. A., Izquierdo, F. G., Sperandio, M. V. L., Castro, R. N., e Berbara, R. L. L. 2012. Ácidos húmicos de vermicomposto como uma via ecológica para proteger a planta de arroz contra o stress oxidativo. Engenharia Ecológica. 47: 203-208.
231. Garcia, A. C., Santos, L. A., Izquierdo, F. G., Rumjanek, V. M., Castro, R. N., Santos, F. S. D., Souza, L. G. A. D., e Berbara, R. L. L. 2014. Potencialidades dos ácidos húmicos do vermicomposto para aliviar o estresse hídrico em plantas de arroz (*Oryza sativa* L.). Journal of Geochemical Exploration. 136: 4854.
232. Garcia-Lopez, A. M., e Delgado, A. 2016. Efeito do *Bacillus subtilis* na absorção de fósforo pelo pepino, afetado pelos óxidos de ferro e pela solubilidade da fonte de fósforo. Agric Food Sci. 25: 216-224.
233. Garcia-Gonzalez, T., Saenz-Hidalgo, H. K., Silva-Rojas, H. V., Morales-Nieto, C., Vancheva, T., Koebnik, R., e Avila-Quezada, G. D. A. 2018. *Enterobacter cloacae*, uma bactéria fitopatogênica emergente que afeta mudas de pimenta malagueta. The Plant Pathology Journal. 34(1): 1-10.
234. Garcia-Santiago, J. C., Cavazos, C. J. L., Gonzalez-Fuentes, J. A., Zermeno-Gonzalez, A., Alvarado, E. R., Duarte, A. R., Preciado-Rengel, P., Troyo-Dieguez, E., Ramos, F. M. P., Valdez-Aguilar, L. A., Alvarado-Camarillo, D., e Maruri, J. A. H. 2021. Efeitos de fertilizantes orgânicos de origem animal à base de hidrolisado de proteína derivada de peixe e método de irrigação no crescimento e na qualidade do tomate uva. Agricultura Biológica e Horticultura. DOI: 10.1080/01448765.2021.1891458
235. Gemin, L. G., Mogor, A. F., Amatussi, J. D. O., e Mogor, G. 2019. Microalgas associadas ao ácido húmico como um novo bioestimulante, melhorando o crescimento e o rendimento da cebola. Scientia Horticulturae. 256: 108560.
236. Geng, J., Yang, X., Huo, X., Chen, J., Lei, S., Li, H., Lang, Y., e Liu, Q. 2020. Efeitos da ureia de libertação controlada combinada com ácido fúlvico no azoto inorgânico do solo, na senescência das folhas e no rendimento do algodão. Relatórios Científicos. 10: 17135.
237. Getenga, Z., Dorfler, U., iwobi, A., Schmid, M., e Schroll, R. 2009. Mineralização de atrazina e terbutilazina por uma *Arthrobacter* sp. isolada de um solo cultivado com cana-de-açúcar no Quénia. Chemosphere. 77(4): 534-539.
238. Ghamari, M., Hosseininaveh, V., Talebi, K., Nozari, J., e Allahyari, H. 2020. Caracterização bioquímica do sistema imunológico induzido de Pistache (*Pistacia vera*) pelo ácido salicílico. International Journal of Fruit Science. 20(2): 117-132.
239. Ghasemi Pirbalouti, A., Rahimmalek, M., Elikaei-Nejhad, L., e Hamedi, B. 2014. Composição do óleo essencial de salgados de verão sob aplicação foliar de ácido jasmónico e ácido salicílico. Journal of Essential Oil Research. 26(5): 342-347.
240. Ghassemi-Golezani, K., Hassanzadeh, N., Shakiba, M.-R., e Esmaeilpour, B. 2020. O ácido salicílico exógeno e o 24-epi-brassinolide

melhoram a capacidade antioxidante e os metabolitos secundários da *Brassica nigra*. Biocatálise e Biotecnologia Agrícola. 26: 101636.

241. Ghasemi Pirbalouti, A., Nekoei, M., Rahimmalek, M., e Malekpoor, F. 2019. Composição química e rendimento do óleo essencial de erva-cidreira (*Melissa officinalis* L.) sob aplicações foliares de ácidos jasmónico e salicílico. Biocatálise e Biotecnologia Agrícola. 19: 101144.

242. Gholami, H., Saharkhiz, M. J., Raouf Fard, F., Ghani, A., e Nadaf, F. 2018. O ácido húmico e o vermicomposto aumentaram os componentes bioactivos, a atividade antioxidante e o rendimento de ervas da chicória (*Cichorium intybus* L.). Biocatálise e Biotecnologia Agrícola. 14: 286-292.

243. Gohil, K., Rajput, V., e Dharne, M. 2020. A pan-genómica de espécies de *Ochrobactrum* de origem clínica e ambiental revela populações distintas e possíveis ligações. Genomics. 112(5): 3003-3012.

244. Gomaa, E. F., Nassar, R. M. A., e Madkour, M. A. 2015. Efeito da pulverização foliar com ácido salicílico no crescimento vegetativo, anatomia do caule e das folhas, pigmentos fotossintéticos e produtividade do tremoço egípcio (*Lupinus termis* Forssk.). Revista Internacional de Investigação Avançada. 3(1): 803-813.

245. Gorini, P. H., Pacheco, A. C., Moro, A. L., Silva, J. F. A., Moreli, R. R., Miranda, G. R. D., Pelegrini, J. M., Spera, K. D., Junior, J. L. B., e Silva, R. M. G. D. 2020. A aplicação foliar de ácido salicílico aumenta a biomassa, a assimilação de nutrientes, os metabólitos primários e o teor de óleo essencial em *Achillea millefolium* L. Scientia Horticulturae. 270: 109436.

246. Goswami, D., Dhandhukia, P., Patel, P., e Thakker, J. N. 2014. Triagem de PGPR do deserto salino de Kutch: promoção do crescimento em *Arachis hypogea* por Bacillus licheniformis A2. Microbiol Res. 169: 66-75.

247. Govindaraju, S., e Indra Arulselvi, P. 2018. Efeito dos elicitores combinados de citocinina (L-fenilalanina, acind salicílico e quitosana) na propagação *in vitro*, metabólitos secundários e caraterização molecular da erva medicinal - *Coleus aromaticus* Benth (L.). Jornal da Sociedade Saudita de Ciências Agrícolas. 17: 435-444.

248. Gravel, V., Martinez, C., Antoun, H., e Tweddell, R. J. 2006. Controlo da podridão radicular do tomateiro em estufa (*Pythium ultimum*) em sistemas hidropónicos, utilizando microrganismos promotores do crescimento das plantas. Canadian Journal of Plant Pathology. 28(3): 475-483.

249. Gu, C.-S., Yang, Y.-H., Shao, Y.-F., Wu, K.-W., e Liu, Z.-L. 2018. Os efeitos do ácido salicílico exógeno no alívio da toxicidade do cádmio em *Nymphaea tetragona* Georgi. Jornal Sul-Africano de Botânica. 114: 267271.

250. Guang-Can, T. A. O., Shu-Jun, T., Miao-Ying, C. A. I., e Guang-Hui, X. I. E. 2008. Capacidades de solubilização e mineralização de fosfato de bactérias isoladas de solos. Pedosphere. 18: 515-523.

251. Guerra, F. Q. S., Mendes, J. M., de Sousa, J. P., Morais-Braga, M. F. B., Santos, B. H. C., Coutinho, H. D. M., e Lima, E. D. O. 2012. Aumento da atividade antibiótica contra uma Acinetobacter spp multirresistente por óleos essenciais de *Citrus limon* e *Cinnamomum zeylanicum*. Natural Product

Research. 26(23): 2235-2238.
252. Gunasekaran, J., Kannuchamy, N., Kannaiyan, S., Chakraborti, R., e Gudipati, V. 2015. Hidrolisados de proteína de resíduos de cabeça de camarão (*Metapenaeus dobsoni*): otimização das condições de extração por metodologia de superfície de resposta. Jornal de Tecnologia de Produtos Alimentares Aquáticos. 24(5): 429-442.
253. Gunes, A., Inal, A., Alpaslan, M., Cicek, N., Guneri, E., Eraslan, F., e Guzelordu, T. 2005. Efeitos da aplicação exógena de ácido salicílico na indução de tolerância a stress múltiplo e nutrição mineral no milho (*Zea mays* L.). Arquivos de Agronomia e Ciência do Solo. 51(6): 687-695.
254. Guo, X.-X., Liu, H.-T., e Wu, S.-B. 2019. Substâncias húmicas desenvolvidas durante a compostagem de resíduos orgânicos: Mecanismos de formação, propriedades estruturais e funções agronómicas. Science of The Total Environment. 662: 501-510.
255. Guo, D.-J., Singh, R. K., Singh, P., Li, D.-P., Sharma, A., Xing, Y.-X., Song, X.-P., Yang, L.-T., e Li, T.-R. 2020. Sequência completa do genoma de *Enterobacter roggenkampii* ED5, uma bactéria endofítica promotora do crescimento de plantas fixadoras de nitrogênio com propriedades de biocontrole e tolerância a strss isoladas da raiz da cana-de-açúcar. Frontiers in Microbiology. 11: 580081.
256. Gupta, P., Kumar, V., Usmani, Z., Rani, R., Chandra, A., e Gupta, V. K. 2019. Uma avaliação comparativa para o potencial de *Klebsiella* sp. e *Enterobacter* sp. na promoção do crescimento das plantas, tolerância ao estresse oxidativo e absorção de cromo em *Helianthus annuus* (L.). Journal of Hazardous Materials. 377: 391-398.
257. Gupta, V., Naresh Kumar, G., e Buch, A. 2020. A colonização por *Pseudomonas aeruginosa* P4 multipotencial estimula o crescimento do amendoim (*Arachis hypogaea* L.), a fisiologia de defesa e o funcionamento do sistema radicular para beneficiar a interface raiz-rizobactéria. Journal of Plant Physiology. 248: 153144.
258. Gupta, P., Kumar, V., Usmani, Z., Rani, R., Chandra, A., e Gupta, V. K. 2020. Implicações da promoção do crescimento das plantas *Klebsiella* sp. CPSB4 e *Enterobacter* sp. CPSB49 no crescimento luxuriante de plantas de tomate sob stress de crómio. Chemosphere. 240: 124944.
259. Gurav, R. G., e Jadhav, J. P. 2013. Uma nova fonte de biofertilizante a partir de biomassa de penas para o cultivo de banana. Environ Sci Pollut. Res. Int. 20: 4532-4539.
260. Habibi, S., Djedidi, S., Prongjunthuek, K., Mortuza, M. F., Ohkama-Ohtsu, N., Sekimoto, H., e Yokoyoma, T. 2014. Caracterização fisiológica e genética do fixador de nitrogênio do arroz PGPR isolado de solos da rizosfera de diferentes culturas. Solo vegetal. 379: 51-66.
261. Hadi, M. R., e Kholdebrain, B. 2018. Alterações em algumas atividades de enzimas antioxidantes e conteúdo de carotenóides em plantas de batata infectadas por *Rhizoctonia solani* tratadas com ácido salicílico. Arquivos de Fitopatologia e Proteção de Plantas. 51(11-12): 649-661.

262. Haghighi, M., Kafi, M., e Fang, P. 2012. A atividade fotossintética e o metabolismo do N da alface são afectados pelo ácido húmico. Revista Internacional de Ciência Vegetal. 18(2): 182-189.
263. Haghighi, M., Kafi, M., e Khoshgoftarmanesh, A. 2013. Efeito da aplicação de ácido húmico na acumulação de cádmio pelas folhas de alface. Jornal de Nutrição Vegetal. 36(10): 1521-1632.
264. Haghighi, M., Nikbakht, A., e Pessarakli, M. 2016. Efeitos do ácido húmico na remediação da deficiência nutricional da gerbera em cultura hidropónica. Jornal de Nutrição Vegetal. 39(5): 702-713.
265. Haghighi, M., Saadar, S., e Abbey, L. 2020. Efeito da aplicação de aminoácidos exógenos no crescimento e no valor nutricional da couve sob stress hídrico. Scientia Horticulturae. 272: 109561.
266. Hahm, M. S., Sumayo, M., Hwang, Y. K., Jeon, S. A., Park, S. J., Lee, J. Y., Ahn, J. H., Kim, B. S., e Ghim, S.-Y. 2012. Controlo biológico e capacidade de promoção do crescimento vegetal de rizobactérias em pimenta em condições de estufa e de campo. J Microbiol. 50: 380-385.
267. Ham, M. S., Park, Y. M., Sung, H. R., Sumayo, M., Ryu, C. M., Park, S. H., e Ghim, S.-Y. 2009. Caracterização de shiozbacteria isoladas de plantas da família Solanaceae na ilha de Dokdo. Kor J Microbiol Biotechnol. 37: 110-117.
268. Hameed, A., Fatma, S., Wattoo, J. I., Yaseen, M., e Ahmad, S. 2018. Efeitos acumulativos do ácido húmico e fertilizantes foliares multinutrientes nos atributos vebetativos e reprodutivos dos citrinos (*Citrus reticulate* cv. kinnow mandarin). Journal of Plant Nutrition. 41(19): 2495-2506.
269. Harba, M., Jawhar, M., e Arabi, M. I. E. 2020. Atividade antagonista in vitro de diversas espécies de Bacillus contra os patógenos *Fusarium culmorum* e *F. solani*. The Open Agriculture Journal. 14: 157-163.
270. Hashem, A., Adb Allah, E. F., Alqarawi, A. A., Al-Huqail, A. A., e Shah, M. A. 2016. Indução da modulação da osmorregulação do stress salino em *Acacia gerrardii* Benth por fungos micorrízicos arbusculares e *Bacillus subtilis* (BERA 71). Biomed Res Int. DOI: 10.1155/2016/6294098
271. Hashem, A., Tabassum, B., e Abd-Allah, E. F. 2019. *Bacillus subtilis*: Uma rizobactéria promotora do crescimento de plantas que também afeta o estresse biótico. Jornal Saudita de Ciências Biológicas. 26: 1291-1297.
272. Hashiba, T., e Narisawa, K. 2005. O desenvolvimento e a natureza endofítica do fungo *Heteroconium chaetospira*. FEMS Microbiology Letters. 252(2): 191-196.
273. Hasanuzzaman, M., Matin, M. A., Fardus, J., Hasanuzzaman, M., Hossain, M. S., e Parvin, K. 2019. A aplicação foliar de ácido salicílico melhora os atributos de crescimento e rendimento, regulando positivamente o sistema de defesa antioxidante em plantas *de Brassica campestris* cultivadas em solos com chumbo. Ata Agrobotanica. 72(2): 1765.
274. Hassan, M. N., Afghan, S., Hassan, Z., e Hafeez, F. Y. 2014. Atividade biopesticida de rizobactérias associadas à cana-de-açúcar: *Ochrobactrum intermedium* estirpe NH-5 e *Stenotrophomonas maltophilia* estirpe NH-300

contra a podridão vermelha em condições de campo. Phytopathologia Mediterranea. 53: 229-239.
275. Hatami, M., Khanizadeh, P., Bovand, F., e Aghaee, A. 2021. A preparação de sementes mediada por nanopartículas de silício e a inoculação de *Pseudomonas* spp. aumentam o crescimento, a fisiologia e o estado metabólico antioxidante em plantas *de Melissa officinalis* L. Culturas e produtos industriais. 162: 113238.
276. Hayat, R., Ali, S., Amara, U., Khalid, R., e Ahmed, I. 2010. Bactérias benéficas para o solo e o seu papel na promoção do crescimento das plantas: A review. Ann Microbiol. 60: 579-598.
277. Hayat, S., Irfan, M., Wani, A. S., Nasser, A., e Ahmad, A. 2012. Ácidos salicílicos. Sinalização e comportamento das plantas. 7(1): 93-102.
278. Hediji, H., Kharbech, O., Massoud, M. B., Boukari, N., Debez, A., Chaibi, W., Chaoui, A., e Djebali, W. 2021. O ácido salicílico atenua a toxicidade do cádmio em mudas de feijão (*Phaseolus vulgaris* L.) modulando o estado redox celular. Botânica Ambiental e Experimental, 186: 104432.
279. Heidarian, A., Tohidi-Moghadam, H.-R., e Kasraie, P. 2017. Efeito de *Glomus intraradices* em caraterísticas fisiológicas e bioquímicas do trigo cultivado em solo contaminado com níquel. Comunicações em Ciência do Solo e Análise de Plantas. 48(15): 1804-1812.
280. Herdler, S., Kreuzer, K., Scheu, S., e Bonkowski, M. 2008. Interações entre fungos micorrízicos arbusculares (*Glomus intraradices*, Glomeromycota) e amebas (*Acanthamoeba castellanii*, Protozoa) na rizosfera do arroz (*Oryza sativa*). Biologia e Bioquímica do Solo. 40(3): 660-668.
281. Hernandez-Soberano, C., Ruiz-Herrera, L. F., e Valencia-Cantero, E. 2020. As bactérias endofíticas *Arthrobacter agilis* UMCV2 e *Bacillus methylotrophicus* M4-96 estimulam a germinação de aquênios, o crescimento *in vitro* e a produção em estufa de morango (*Fragaria * ananassa*). Scientia Horticulturae. 261: 109005.
282. Hesami, S., Nabizadeh, E., Rahimi, A., e Rokhzadi, A. 2012. Efeitos dos níveis de ácido salicílico e dos intervalos de irrigação no crescimento e na produção de coentros (*Coriandrum sativum*) em condições de campo. Biologia Ambiental e Experimental. 10: 113-116.
283. Heydarnejadiyan, H., Maleki, A., e Babaei, F. 2020. O efeito da aplicação de zinco e ácido salicílico no rendimento de grãos, óleo essencial e propriedades fitoquímicas de plantas de funcho sob stress de seca. Journal of Essential Oil Bearing Plants. 23(6): 1371-1385.
284. Hinton, D. M., e Bacon, C. W. 1995. *Enterobacter cloacae* é um simbionte endofítico do milho. Mycopathologia. 129: 117-125.
285. Ho, M. T., Li, M. S. M., McDowell, T., MacDonald, J., e Yuan, Z.-C. 2020. Caracterização e análise genômica de uma bactéria degradadora de diesel, *Acinetobacter calcoaceticus* CA16, isolada do solo canadense.
BMC Biotecnologia. 20(39): 1-15.
286. Horvath, E., Szalai, G., e Janda, T. 2007. Indução da tolerância ao stress abiótico pela sinalização do ácido salicílico. Journal of Plant Growth

Regulation. 26: 290-300.
287. Huang, Y., Mijiti, G., Wang, Z., Yu, W., Fan, H., Zhang, R., e Liu, Z. 2015. Análise funcional do gene da hidrofobina de classe II HFB-2 do agente de biocontrolo *Trichoderma asperellum* ACCC30536. Microbiological Research. 171: 8-20.
288. Huang, Y. T., Cai, S. Y., Ruan, X. L., Chen, S. Y., Mei, G. F., Ruan, G. H., e Cao, D. D. 2021. O ácido salicílico aumenta a germinação de sementes de girassol sob Zn^{2+} estresse via envolvimento em Zn^{2+} equilíbrio metabólico e interações de fitohormônios. Scientia Horticulturae. 275: 109702.
289. Ibrahim, H. M. M. 2018. Caracterização de biossurfactantes produzidos por novas cepas de *Ochrobactrum anthropi* HM-1 e *Citrobacter freundii* HM-2 de solo contaminado com óleo de motor usado. Egyptian Journal of Petroleum. 27: 21-29.
290. Ibarra-Galeana, J. A., Castro-Martinez, C., Fierro-Coronado, R. A., Armenta-Bojorquez, A. D., e Maldonado-Mendoza, I. E. 2017. Caracterização de bactérias solubilizadoras de fosfato que exibem o potencial de promoção do crescimento e melhoria da nutrição de fósforo no milho (*Zea mays* L.) em solos calcários de Sinaloa, México. Ann Microbiol. 67: 801811.
291. Ibrahim, E. A., e Ramadan, W. A. 2015. Efeito da pulverização foliar de zinco sozinho e combinado com ácido húmico ou/e quitosano no crescimento, conteúdo de elementos nutritivos e rendimento de plantas de feijão seco (*Phaseolus vulgaris* L.) semeadas em diferentes datas. Scientia Horticulturae. 184: 101-105.
292. Idris, E. E., Iglesias, D. J., Talon, M., e Borriss, R. 2007. A produção de ácido indol-3-acético (IAA) dependente de triptofano afecta o nível de promoção do crescimento das plantas por *Bacillus amyloliquefaciens* FZB42. Mol Plant Microbe Interact. 20: 619-626.
293. Iglesias, M. B., Abadias, M., Anguera, M., e Vinas, I. 2018. Eficácia de Pseudomonas graminis CPA-7 contra *Salmonella* spp. e *Listeria monocytogenes* em pera fresca cortada e estabelecimento das condições para sua aplicação comercial. Food Microbiology. 70: 103-112.
294. Ikram, M., Ali, N., Jan, G., Iqbal, A., Hamayun, M., Jan, F. G., Hussain, A., e Lee, I.-J. 2019. *Trichoderma reesei* melhorou o estado nutricional da cultura do trigo sob estresse salino. Jornal de Interações Vegetais. 14(1): 590-602.
295. Ilyas, N., Gull, R., Mazhar, R., Saeed, M., Kanwal, S., Shabir, S., e Bibi, F. 2017. Influência do ácido salicílico e do ácido jasmónico no trigo sob stress hídrico. Comunicações em Ciência do Solo e Análise de Plantas. 48(22): 2715-2723.
296. Imran, A., Hafeez, F. Y., Fruhling, A., Schumann, P., Malik, K. A., e Stackebrandt, E. 2010. *Ochrobactrum ciceri* sp. nov., isolado de nódulos de *Cicer arietinum*. Int J Syst Evol Microbiol. 60: 1548-1553.
297. Imran, A., Saadalla, M. J. A., Khan, S.-U., Mirza, M. S., Malik, K. A., e Hafeez, F. Y. 2014. *Ochrobactrum* sp. Pv2Z2 exibe múltiplas caraterísticas

de promoção do crescimento de plantas, biodegradação e deteção de quorum de *N-acil-homoserina-lactona*. Anais de Microbiologia. 64: 1797-1806.
298. Islam, F., Yasmeen, Y., Arif, M. S., Riaz, M., Shahzad, S. M., Imran, Q., e Ali, I. 2016. Capacidade combinada de bactérias promotoras do crescimento de plantas tolerantes ao crómio (Cr) (PGPB) e ácido salicílico (SA) na atenuação do stress do crómio em plantas de milho. Fisiologia e Bioquímica de Plantas. 108: 456-467.
299. Islam, A., Kabir, MD. S., e Khair, A. 2019. Caracterização e avaliação do isolado *de Bacillus siamensis* pelo seu potencial de promoção do crescimento no tomate. Agricultura (Polnohospodarstvo). 65(2): 42-50.
300. Jafari, M., Yari, M., Ghabooli, M., Sepehri, M., Ghasemi, E., e Jonker, A. 2018. A inoculação e a co-inoculação de plântulas de alfafa com microrganismos promotores do crescimento radicular (*Piriformospora indica*, *Glomus intraradices* e *Sinorhizobium meliloti*) afectam as estruturas moleculares, os perfis nutricionais e a disponibilidade de feno para ruminantes. Animal Nutrition. 4: 90-99.
301. Jaime, M. D. L. A., Hsiang, T., e McDonald, M. R. 2008. Effects of *Glomus intraradices* and onion cultivar on *Allium* white rot development in organic soils in Ontario. Canadian Journal of Plant Pathology. 30(4): 543553.
302. Jaizme-Vega, M. C., Rodriguez-Romero, A. S., e Barroso, L. A. 2006. Efeito da inoculação combinada de fungos micorrízicos arbusculares e rizobactérias promotoras do crescimento de plantas na papaia (*Carica papaya* L.) infetada com o nemátodo das galhas *Meloidogyne incognita*. Fruits. 61: 151-162.
303. Jamal, Q., Lee, Y. S., Jeon, H. D., e Kim, K. Y. 2018. Efeito das bactérias promotoras de crescimento vegetal *Bacillus amyloliquefaciens* Y1 nas propriedades do solo, crescimento de mudas de pimenta, flora bacteriana da rizosfera e enzimas do solo. Plant Protect Sci. 54(3): 129-137.
304. Jamali, B., e Eshghi, S. 2015. Redução da salinidade induzida pelo ácido salicílico em morango cultivado hidroponicamente. Comunicações em Ciência do Solo e Análise de Plantas. 46(12): 1482-1493.
305. Jayamohan, N. S., Patil, S. V., e Kumudini, B. S. 2018. Validação da heterogeneidade molecular fluorescente *de Pseudomonas* spp. e correlação com suas potenciais caraterísticas de biocontrole contra a doença da murcha de fusarium. Agricultura e Recursos Naturais. 52: 317-324.
306. Jayapala, N., Mallikarjunaiah, N., Puttaswamy, H., Gavirangappa, H., e Ramachandrappa, N. S. 2019. *Rhizobacteria Bacillus* spp. induzir resistência contra a doença da antracnose no pimentão (*Capsicum annuum* L.) através da ativação da resposta de defesa do hospedeiro. Egito J Biol Pest Control. 29: 45.
307. Ji, X. L., Lu, G. B., Gai, Y. P., Zheng, C. C., e Mu, Z. M. 2008. Controlo biológico contra a murcha bacteriana e colonização da amoreira por uma estirpe endofítica *de Bacillus subtilis*. FEMS Microbiol Ecol. 65(3): 565-573.
308. Ji, S., Liu, Z., Liu, B., Wang, Y., e Wang, J. 2020. O efeito do

biofertilizante *Trichoderma* na qualidade da couve chinesa em flor e no ambiente do solo. Scientia Horticulturae. 262: 109069.
309. Jia, H., Wang, X.-H., Wei, T., Wang, M., Liu, X., Hua, L., Ren, X.-H., Guo, J.-K., e Li, J. 2021. O ácido salicílico exógeno regula a síntese de polissacarídeos da parede celular e a metilação da pectina para reduzir o acúmulo de Cd do tomate. Ecotoxicologia e Segurança Ambiental. 207: 111550.
310. Jimenez-Moreno, M. J., Moreno-Marquez, M. D. C., Moreno-Alias, I., Rapoport, H., e Fernandez-Escobar, R. 2018. Interação entre micorrização com *Glomus intraradices* e fósforo em plantas de oliveira em viveiro. Scientia Horticulturae. 233: 249-255.
311. Jin, S., Liu, L., Liu, Z., Long, X., Shao, H., e Chen, J. 2013. Caracterização de *Pseudomonas* spp. marinhas antagonistas em relação a três fungos apodrecedores de tubérculos da alcachofra de Jerusalém, uma nova cultura industrial. Culturas e produtos industriais. 43: 556-561.
312. Jini, D., e Joseph, B. 2017. Mecanismo fisiológico do ácido salicílico para aliviar o estresse salino no arroz. Ciência do arroz. 24(2): 97-108.
313. Joe, M. M., Devaraj, S., Benson, A., e Sa, T. 2016. Isolamento de bactérias endofíticas solubilizadoras de fosfato de *Phyllanthus amarus* Schum & Thonn: Avaliação da promoção do crescimento vegetal e atividade antioxidante sob estresse salino. Jornal de Pesquisa Aplicada em Plantas Medicinais e Aromáticas. 3(2): 71-77.
314. Jones, C. A., Jacobsen, J. S., e Mugaas, A. 2007. Effect of low-rate commercial humic acid on phosphorus availability, micronutrient uptake, and spring wheat yield. Communications in Soil Science and Plant Analysis. 38(7-8): 921-933.
315. Joshi, R., e McSpadden Gardener, B. B. 2006. Identificação e caraterização de novos marcadores genéticos associados a actividades de controlo biológico em *Bacillus subtilis*. Biol Control. 96: 145-154.
316. Jung, J., e Park, W. 2015. Espécies de *Acinetobacter* como micro-organismo modelo em microbiologia ambiental: estado atual e perspectivas. Appl Microbiol Biotechnol. 99: 2533-2548.
317. Justi, M., Morais, E. G., e Silva, C. A. 2019. O ácido fúlvico em pulverização foliar é mais eficaz que o ácido húmico via solo na melhoria do crescimento de mudas de café. Arquivos de Agronomia e Ciência do Solo. 65(14): 19691983.
318. Kafi, S. A., Arabhosseini, S., Karimi, E., Koobaz, P., Mohammadi, A., e Sadeghi, A. 2021. *Pseudomonas putida* P3-57 induz respostas de defesa do pepino (*Cucumis sativus* L.) e melhora as caraterísticas de qualidade dos frutos em condições comerciais de estufa. 280: 109942.
319. Kalai, T., Bouthour, D., Manai, J., Kaab, L. B. B., e Gouia, H. 2016. O ácido salicílico alivia a toxicidade do cádmio no crescimento de mudas, amilases e atividade de fosfatases em sementes de cevada em germinação. Arquivos de Agronomia e Ciência do Solo. 62(6): 892-904.
320. Kampfer, P., Sessitsch, A., Schloter, M., Huber, B., Busse, H. J., e

Scholz, H. C. 2008. *Ochrobactrum rhizosphaerae* sp. nov. e *Ochrobactrum thiophenivorans* sp. nov., isolados do ambiente. Int J Syst Evol Microbiol. 58: 1426-1431.

321. Kamran, M., Xie, K., Sun, J., Wang, D., Shi, C., Lu, Y., Gu, W., e Xu, P. 2020. A modulação do desempenho do crescimento e a indução coordenada dos sistemas de desintoxicação de ascorbato-glutationa e metilglioxal pelo ácido salicílico mitigam a toxicidade do sal no choysum (*Brassica parachinensis* L.). Ecotoxicologia e Segurança Ambiental. 188: 109877.

322. Kandula, D. R. W., Jones, E. E., McLean, A. S. K. L., e Hampton, J. G. 2015. Espécies *de Trichoderma* para biocontrole de patógenos de plantas transmitidos pelo solo de espécies de pastagem. Ciência e Tecnologia do Biocontrolo. 25(9): 1052-1069.

323. Kang, S.-M., Khan, A. L., Hamayun, M., Shinwari, Z. K., Kim, Y.-H., Joo, G.-J., e Lee, I.-J. 2012. *Acinetobacter calcoaceticus* amerliorated plant growth and influenced gibberellins and functional biochemicals. Pak J Bot. 44(1): 365-372.

324. Kang, S.-M., Hamayun, M., Khan, M. A., Iqbal, A., e Lee, I.-J. 2019. *Bacillus subtilis* JW1 aumenta o crescimento das plantas e a absorção de nutrientes do repolho chinês através da secreção de giberelinas. Jornal de Botânica Aplicada e Qualidade Alimentar. 92: 172-178.

325. Karakurt, Y., Unlu, H., Unlu, H., e Padem, H. 2009. A influência do foloar e da fertilização do solo com ácido húmico no rendimento e na qualidade do pimento. Ata Agriculturae Scandinavica, Secção B- Ciência do Solo e das Plantas. 59(3): 233-237.

326. Karimi, E., Shirmardi, M., Ardakani, M. D., Gholamnezhad, J., e Zarebanadkouki, M. 2020. O efeito do ácido húmico e do biochar no crescimento e na absorção de nutrientes da calêndula (*Calendula officinalis* L.).
Comunicações em Ciência do Solo e Análise de Plantas. 51(12): 1658-1669.

327. Karn, S. K., e Pan, X. 2016. Papel da *Acinetobacter* sp. na oxidação do arsenito As(III) e na redução da sua mobilidade no solo. Ecologia Química. 32(5): 460-471.

328. Karnwal, A. 2020. *Pseudomonas* spp., uma bactéria de vermicomposto solubilizadora de zinco com atividade promotora do crescimento das plantas, modera a biofortificação do zinco no tomate. Jornal Internacional de Ciência Vegetal. DOI: 10.1080/19315260.2020.1812143

329. Karthikeyan, G., Doraisamy, S., e Rabindran, R. 2009. Resistência sistémica mediada por *Pseudomonas fluorescens* contra o vírus do enrugamento da folha do feijão-verde em grama-preta (*Vigna mungo*). . 42(3): 21-212.

330. Karuppiah, V., Li, Y., Sun, J., Vallikkannu, M., e Chen, J. 2020. Vel1 regula o crescimento de *Trichoderma atroviride* durante o co-cultivo com *Bacillus amyloliquefaciens* e é essencial para o controlo da podridão radicular do trigo. Biological Control. 151: 104374.

331. Katenkamp, U., Jacob, H.-E., Kerns, G., e Dalchow, E. 1989. Hibridização de protoplastos *de Trichoderma reesei* por electrofusão. Bioelectrochemistry and Bioenergetics. 22(1): 57-67.
332. Katoc, R., Mann, A. P. S., Sohal, B. S., e Munshi, G. D. 2005. Indução da síntese de pisatina em ervilha com ácido salicílico ou inoculação com oídio. Journal of Vegetable Science. 11(1): 85-96.
333. Kaya, C., Ashraf, M., Alyemeni, M. N., e Ahmad, R. 2020. O papel do óxido nítrico endógeno na regulação positiva induzida pelo ácido salicílico do ciclo ascorbato-glutationa envolvido na tolerância à salinidade das plantas de pimenta (*Capsicum annuum* L.). Plant Physiology and Biochemistry. 147: 1020.
334. Kaya, C., Ashraf, M., Alyemeni, M. N., Corpas, F. J., e Ahmad, P. 2020. O óxido nítrico induzido pelo ácido salicílico aumenta a tolerância à toxicidade do arsénio em plantas de milho, regulando positivamente o ciclo ascorbato-glutationa e o sistema glioxalase. Journal of Hazardous Materials. 399: 123020.
335. Keshavarz, B., e Khalesi, M. 2016. *Trichoderma reesi*, uma fonte de celulose superior para aplicações industriais. Biocombustíveis. 7(6): 713-721.
336. Khaksar, G., Treesubsuntorn, C., e Thiravetyan, P. 2017. Impacto dos padrões de colonização endofítica na resposta ao estresse de *Zamioculcas zamiifolia* e na regulação dos níveis de ROS, triptofano e II sob condições de formaldeído no ar e solo contaminado com formaldeído. Plant Physiol Biochem. 114: 1-9.
337. Khalifa, A. Y. Z., Alsyeeh, A.-M., Almalki, M. A., e Saleh, F. A. 2016. Caracterização da bactéria promotora do crescimento vegetal, *Enterobacter cloacae* MSR1, isolada de raízes de não nodulantes *Medicago sativa*. Saudi Journal of Biological Sciences. 23: 79-86.
338. Khalil, N., Fekry, M., Bishr, M., El-Zalabani, S., e Salama, O. 2018. A pulverização foliar de ácido salicílico induziu o acúmulo de fenólicos, aumentou a atividade de eliminação de radicais e modificou a composição do óleo essencial de *Thymus vulgaris* L. estressado pela água. 123: 65-74.
339. Khalvandi, M., Siosemardeh, A., Roohi, E., e Keramati, S. 2021. O ácido salicílico atenuou o efeito do stress da seca nas caraterísticas fotossintéticas e no padrão de proteínas das folhas no trigo de inverno. Heliyon. 7: e05908.
340. Khan, M. I. R., Asgher, M., e Khan, N. A. 2014. O alívio da fotossíntese induzida por sal e a inibição do crescimento pelo ácido salicílico envolvem glicinebetaína e etileno em mungbean (*Vigna radiata* L.). Fisiologia e Bioquímica de Plantas. 80: 67-74.
341. Khan, M. I. R., Fatma, M., Per, T. S., Anjum, N. A., e Khan, N. A. 2015. Tolerância ao stress abiótico induzida pelo ácido salicílico e mecanismos subjacentes nas plantas. Fronteiras na ciência das plantas. 6: 462.
342. Khan, M. R., Mohidin, F. A., Khan, U., e Ahamad, F. 2016. *Pseudomonas* spp. nativas suprimiram o nematoide das galhas *in vitro* e *in*

vivo, e promoveram a nodulação e o rendimento de grãos no mungbean cultivado em campo. Biological Control. 101: 159-168.
343. Khan, R. U., Khan, M. Z., Khan, A., Saba, S., Hussain, F., e Jan, I. U. 2018. Efeito do ácido húmico no crescimento e nos nutrientes das culturas de trigo em dois solos diferentes. Jornal de Nutrição Vegetal. 41(4): 453-460.
344. Khan, S., Yu, H., Li, Q., Gao, Y., Sallam, B. N., Wang, H., Liu, P., e Jiang, W. 2019. A aplicação exógena de aminoácidos melhora o crescimento e o rendimento da alface, aumentando a assimilação fotossintética e a disponibilidade de nutrientes. Agronomia. 9(266): 1-17.
345. Khan, M. S., Akther, T., Ali, D. M., e Hemalatha, S. 2019. Uma investigação sobre o papel do ácido salicílico alivia o estresse salino na cultura do arroz (*Oryza sativa* L.). Biocatálise e Biotecnologia Agrícola. 18: 101027.
346. Khatamidoost, Z., Jamali, S., Moradi, M., e Riseh, R. S. 2015. Efeito de estirpes iranianas de *Pseudomonas* spp. no controlo de nemátodos das galhas da raiz em pistácios. Ciência e Tecnologia de Biocontrolo. 25(3): 291301.
347. Kimbembe, R. E. R., Li, G., Fu, G., Feng, B., Fu, W., Tao, L., e Chen, T. 2020. Análise proteómica da regulação do ácido salicílico do enchimento de grãos de duas variedades quase isogénicas de arroz (*Oryza sativa* L.) em condições de secagem do solo. Fisiologia e Bioquímica de Plantas. 151: 659-672.
348. Kiriga, A. W., Haukeland, S., Kariuki, G. M., Coyne, D. L., e Beek, N. V. 2018. Efeito de *Trichoderma* spp. e *Purpureocillium lilacinum* em *Meloidogyne javanica* na produção comercial de abacaxi no Quénia. Biological Control. 119: 27-32.
349. Kocira, S. 2019. Efeito do bioestimulante de aminoácidos no rendimento e no potencial nutracêutico da soja. Revista Chilena de Pesquisa Agrícola. 79(1): 17-25.
350. Koegel, S., Brule, D., Wiemken, A., Boller, T., e Courty, P.-E. 2015. O efeito de diferentes fontes de nitrogênio na interação simbiótica entre *Sorghum bicolor* e *Glomus intraradices*: Expressão de genes de plantas e fungos envolvidos na assimilação de nitrogênio. Biologia e Bioquímica do Solo. 86: 159-163.
351. Kohli, S. K., Handa, N., Bali, S., Arora, S., Sharma, A., Kaur, R., e Bhardwaj, R. 2018. Modulação da expressão de defesa antioxidante e conteúdo de osmólitos pela co-aplicação de 24-epibrassinolide e ácido salicílico em plantas de mostarda indiana expostas a Pb. Ecotoxicologia e Segurança Ambiental.147: 382-393.
352. Koizumi, Y., Sakanashi, D., Ohno, T., Yamada, A., Shiota, A., Kato, H., Hagihara, M., Watanabe, A., Kato, H., Hagihara, M., Watanabe, H., Asai, N., Watarai, M., Murotani, K., Yamagishi, Y., Suematsu, H., e Mikamo, H. 2019. As caraterísticas clínicas da bacteremia *por Acinetobacter* diferem entre as genomospecies: Uma análise comparativa retrospetiva baseada em hospital de estirpes identificadas genotipicamente. Jornal de Microbiologia,

Imunologia e Infeção. 52: 966-972.
353. Kong, J., Dong, Y., Zhang, X., Wang, Q., Xu, L., Liu, S., Hou, J., e Fan, Z. 2015. Efeitos do ácido salicílico exógeno nas caraterísticas fisiológicas das mudas de amendoim sob estresse por deficiência de ferro. Jornal de Nutrição Vegetal. 38(1): 127-144.
354. Kong, J., Xie, Y., Yu, H., Guo, Y., Cheng, Y., Qian, H., e Yao, W. 2021. Mecanismo antifúngico sinérgico de timol e ácido salicílico em *Fusarium solani*. LWT. 140: 110787.
355. Kotapati, K. V., Palaka, B. K., e Ampasala, D. R. 2017. Alívio da toxicidade do níquel em mudas de germinação de milheto (*Eleusine coracana* L.) por aplicação exógena de ácido salicílico e óxido nítrico. The Crop Journal. 5: 240-250.
356. Koukounaras, A., Tsouvaltzis, P., e Siomos, A. S. 2013. Efeito da aplicação radicular e foliar de aminoácidos no crescimento e rendimento do tomate em estufa em diferentes níveis de fertilização. J Food Agric Environ. 11: 644-648.
357. Krause, M. S., De Ceuster, T. J. J., Tiquia, S. M., Michel, F. C., Madden, Jr., L. V., e Hoitink, H. A. J. 2003. L. V., e Hoitink, H. A. J. 2003. Isolamento e caraterização de rizobactérias de compostos que suprimem a severidade da mancha foliar bacteriana do rabanete. Phytopathology. 93: 1292-1300.
358. Krzyzanowska, D. M., Maciag, T., Ossowicki, A., Rajewska, M., Kaczynski, Z., Czerwicka, M., Rabalski, L., Czaplewska, P., e Jafra, S. 2019. *Ochrobactrum quorumnocens* sp. Nov., uma bactéria quorum quenching da rizosfera da batata, e análise comparativa do genoma com cepas de tipo relacionadas. PLOS ONE. 14: e0210874.
359. Kuan, K. B., Othman, R., Abdul Rahim, K., e Shamsuddin, Z. H. 2016. Inoculação de rizobactérias promotoras do crescimento de plantas para aumentar o crescimento vegetativo, a fixação de nitrogênio e a remobilização de nitrogênio do milho em condições de estufa. PLOS ONE. 11: e0152478.
360. Kucukyumuk, Z., Ozgonen, H., Erdal, I., e Eraslan, F. 2014. Efeito do zinco e *Glomus intraradices* no controle de *Pythium deliense*, parâmetros de crescimento da planta e concentrações de nutrientes do pepino. Notulae Botanicae Horti Agrobotanici Cluj-Napoca. 42(1): 138-142.
361. Kuhl, T., Felder, M., Nussbaumer, T., Fischer, D., Kublik, S., Paul Chowdhury, S., Schloter, M., e Rothballer, M. 2019. Montagem do genoma de *novo* de uma cepa *Rhodococcus qingshengii* associada a plantas (RL1) isolada de *Eruca sativa* Mill. e mostrando propriedades promotoras de crescimento de plantas. Microbiol Resour Announc. 8: e01106-19.
362. Kuklinsky-Sobral, H. L., Araujo, W. L., Mendes, R., Geraldi, I. O., Pizzirani-Kleiner, A. A., e Azevedo, J. L. 2004. Isolamento e caraterização de bactérias associadas à soja e seu potencial para a promoção do crescimento vegetal. Environ Microbiol. 6: 1244-1251.
363. Kulak, M., Jorrin-Novo, J. V., Romero-Rodriguez, M. C., Yildirim, E. D., Gul, F., e Karaman, S. 2021. Preparação de sementes com ácido salicílico

no crescimento da planta e composição do óleo essencial em plantas de manjericão (*Ocimum basilicum* L.) cultivadas em condições de estresse hídrico. Industrial Crops and Products. 161: 113235.
364. Kumar, C. G., Sujitha, P., Mamidyala, S. K., Usharani, P., Das, B., e Reddy, C. R. 2014. Ochrosin, um novo biossurfactante produzido por *Ochrobactrum* sp. halofílico estirpe BS-206 (MTCC 5720): Purificação, caraterização e sua avaliação biológica. Process Biochemistry. 49(10): 1708-1717.
365. Kumar, G. P., Desai, S., Reddy, G., Amalraj, E. L. D., Rasul, A., e Ahmed, S. K. Mir. H. 2015. A bacterização de sementes com *Pseudomonas* spp. fluorescentes aumenta a absorção de nutrientes e o crescimento de *Cajanus cajan* L. Comunicações em Ciência do Solo e Análise de Plantas. 46(5): 652-665.
366. Kurniawan, O., Wilson, K., Mohamed, R. e Avis, T. J. 2018. *Bacillus* e *Pseudomonas* spp. fornecer atividade antifúngica contra mofo cinzento e podridão *de Alternaria* em frutas de mirtilo. Controlo Biológico. 126: 136141.
367. Kwak, Y.-S., Bonsall, R. F., Okubara, P. A., Paulitz, T. C., Thomashow, L. S., e Weller, D. M. 2012. Fatores que afetam a atividade de *Pseudomonas fluorescens* produtora de 2,4-diacetilcloroglucinol contra o trigo. Biologia e Bioquímica do Solo. 54: 48-56.
368. La, V. H., Lee, B.-R., Islam, Md. T., Park, S.-H., Lee, H., Bae, D.-W., e Kim, T.-H. 2019. A mudança antagónica da acumulação de sacarose mediada pelo ácido abscísico para o ácido salicílico contribui para a tolerância à seca em *Brassica napus*. Botânica Ambiental e Experimental. 162: 38-47.
369. Lacava, P. T., Andreote, F. D., Araujo, W. L., e Azevedo, J. L. 2006. Caracterização da comunidade bacteriana endofítica de citros por isolamento, PCR específico e DGGE. Pesquisa Agropecuária Bras. 41: 637642.
370. Lachhab, N., Sanzani, S. M., Adrian, M., Chiltz, A., balacey, S., Boselli, M., Ippolito, A., e Benoit, P. 2014. Soja e caseína em hidrolisados induzem respostas imunes de videira e resistência contra *Plasmopara viticola*. Front Plant Sci. 5: 716.
371. Lahlali, R., McGregor, L., Song, T., Gossen, B. D., Narisawa, K., e Peng, G. 2014. *Heteroconium chaetospira* induz resistência ao clubroot através da regulação positiva dos genes do hospedeiro envolvidos na biossíntese de ácido jasmônico, etileno e auxina. PLOS ONE. 9(4): e94144.
372. Latif, F., Ullah, F., Mehmood, S., Khattak, A., Khan, A. U., Khan, S., e Husain, I. 2016. Efeitos do ácido salicílico no crescimento e acumulação de fenólicos em *Zea mays* L. sob stress hídrico. Ata Agriculturae Scandinavica, Secção B - Ciência do Solo e das Plantas. 66(4): 325-332.
373. Lebuhn, M., Achouak, W., Schloter, M., Berge, O., Meier, H., Barakat, M., Hartmann, A., e Heulin, T. 2000. Taxonomic characterization of *Ochrobactrum* sp. isolates from soil samples and wheat roots, and description of *Ochrobactrum tritici* sp. nov. and *Ochrobactrum grignonense* sp. npv. Int

J Syst Evol Microbiol. 50: 2207-2223.
374. Lefevere, H., Bauters, L., e Gheysen, G. 2020. Biossíntese de ácido salicílico em plantas. Fronteiras na ciência das plantas. 11: 338.
375. Lei, X., Jia, Y., Chen, Y., e Hu, Y. 2019. Nitrificação e desnitrificação simultâneas sem acumulação de nitritos por um novo *Ochrobactrum anthropic* LJ81 isolado. Bioresource Technology. 272: 442-450.
376. Leite, J. M., Arachchige, P. S. P., Ciampitti, I. A., Hettiarachchi, G. M., Maurmann, L., Trivelin, P. C. O., Prasad, P. V. V., e Sunoj, S. V. J. 2020. A co-adição de substâncias húmicas e ácidos húmicos com ureia aumenta a eficiência da utilização do azoto foliar na cana-de-açúcar (*Saccharum officinarum* L.).
Heliyon. 6: e05100.
377. Li, Y., Peng, J., Shi, P., e Zhao, B. 2009. O efeito do Cd no desenvolvimento micorrízico e na atividade enzimática de *Glomus mosseae* e *Glomus intraradices* em *Astragalus sinicus* L. Chemosphere. 75(7): 894-899.
378. Li, H., Ye, Z. H., Chan, W. F., Chen, X. W., Wu, F. Y., Wu, S. C., e Wong, M. H. 2011. Podem os fungos micorrízicos arbusculares melhorar o rendimento dos grãos, a absorção e a tolerância do arroz cultivado em condições aeróbicas? Environmental Pollution. 159(10): 2537-2545.
379. Li, F.-Y., Tang, K.-L., Cai, C.-T., e Xu, X.-P. 2016. *Phytolacca acinosa* Roxb. com *Artherobacter echigonensis* MN1405 melhora a fitorremediação de metais pesados. Jornal Internacional de Fitorremediação. 18(10): 956-965.
380. Li, L., Li, Y. Q., Jiang, Z., Gao, R., Nimaichand, S., Duan, Y. Q., Egamberdieva, D., Chen, W., e Li, W. J. 2016. *Ochrobactrum endophyticum* sp. nov., isolado de raízes de *Glycyrrhiza uralensis*. Arch Microbiol. 198: 171-179.
381. Li, Y., Chen, H., Wang, F., Zhao, F., Han, X., Geng, H., Gao, L., Chen, H., Yuan, R., e Yao, J. 2018. Comportamento ambiental e acúmulo de plantas associadas a nanopartículas de prata na presença de ácido húmico e fúlvico dissolvido. Poluição Ambiental. 243(Parte B): 1334-1342.
382. Li, Q., Wang, G., Wang, Y., Yang, D., Guan, C., e Ji, J. 2019. A aplicação foliar de ácido salicílico alivia a toxicidade do cádmio pela modulação das espécies reativas de oxigênio na batata. Ecotoxicologia e Segurança Ambiental. 172: 317-325.
383. Li, Z., Liu, Z., Zhang, M., Chen, Q., Zheng, L., Li, Y. C., e Sun, L. 2020. A aplicação combinada de ureia de libertação controlada e ácido fúlvico melhorou o fornecimento de nutrientes ao solo e o rendimento do milho. Arquivos de Agronomia e Ciência do Solo. DOI: 10.1080/03650340.2020.1742326
384. Li, W., Yao, H., Chen, K., Ju, Y., Min, Z., Sun, X., Cheng, Z., Liao, Z., Zhang, K., e Fang, Y. 2021. Efeito da aplicação foliar de antitranspirante de ácido fúlvico na acumulação de açúcar, perfis fenólicos e qualidades aromáticas de uvas e vinhos *Cabernet Sauvignon* e *Riesling*. Food Chemsitry. 351: 129308.

385. Lim, J. H., e Kim, S. D. 2009. Promoção sinérgica do crescimento de plantas pelo PGPR *Bacillus subtilis* AH18 e *Bacillus licheniformis* K11, produtores de auxinas indígenas. J Korean Soc Appl Biol Chem. 52: 531-538.
386. Lima, E. F., Costa Neto, V. P. D., Araujo, J. M. D., Alcantara Neto, F. D., Bonifacio, A., e Rodrigues, A. C. 2016. Variedades de feijão-de-lima apresentam diferentes respostas de crescimento quando inoculadas com *Bacillus* sp., uma bactéria promotora de crescimento vegetal. Biosci. J., Uberlândia. 32(5): 1221-1233.
387. Lin, H.-R., Shu, H.-Y., e Lin, G.-H. 2018. Papéis biológicos do ácido indol-3-acético em *Acinetobacter baumannii*. Pesquisa Microbiológica. 216: 30-39.
388. Lincoln, S. A., Hamilton, T. L., Valladares Juarez, A. G., Schedler, M., Macalady, J. L., Muller, R., e Freeman, K. H. 2015. Projeto de sequência do genoma da bactéria piezotolerante e degradadora de petróleo bruto *Rhodococcus qingshengii* estirpe TUHH-12. Genome Announc. 3: e00268-15.
389. Linu, M. S., Asok, A. K., Thampi, M., Sreekumar, J., e Jisha, M. S. 2019. Caraterísticas de promoção do crescimento de plantas de isolados de Pseudomonas aeruginosa solubilizadores de fosfato indígenas da rizosfera de pimenta (*Capsicum annuum* L.). Comunicações em Ciência do Solo e Análise de Plantas. 50(4): 444-457.
390. Lira-Saldivar, R. H., Hernandez, A., Valdez, L. A., Cardenas, A., Ibarra, L., Hernandez, M., e Ruiz, N. 2014. A co-inoculação de *Azospirillum brasilense* e *Glomus intraradices* estimula o crescimento e o rendimento do tomate cereja em condições de sombreamento. Revista Internacional de Botânica Experimental. 83: 133-138.
391. Liu, S., Hu, X., Lohrke, S. M., Baker, C. J., Buyer, J. S., et al. 2007. Role of sdhA and pfkA and catabolism or reduced carbon during colonization of cucumber roots by Enterobacter cloacae. Microbiology. 153: 3196-3209.
392. Liu, X. Q., Ko, K. Y., Kim, S. H., e Lee, K. S. 2008. Efeito da fertilização com aminoácidos na assimilação de nitrato de rabanete folhoso e nas propriedades químicas do solo em solo com alto teor de nitrato. Commun Soil Sci. Plant Anal. 39: 269-281.
393. Liu, T., Wei, L., Qiao, M., Zou, D., Yang, X., e Lin, A. 2016. Mineralização do pireno induzida pela interação entre *Ochrobactrum* sp. PW e azevém em solo com picos. Ecotoxicologia e Segurança Ambiental. 133: 290-296.
394. Liu, M., Sun, J., Li, Y., e Xiao, Y. 2017. O fertilizante nitrogenado aumenta o crescimento e a absorção de nutrientes de *Medicago sativa* inoculado com *Glomus tortuosum* cultivado em solo ácido contaminado com Cd. Chemosphere. 167: 204211.
395. Liu, M., Wang, C., Wang, F., e Xie, Y. 2019. Crescimento do milho (*Zea mays*) e absorção de nutrientes após melhoria integrada de vermicomposto e fertilizante de ácido húmico em solo salino costeiro.

Ecologia Aplicada do Solo. 142: 147-154.
396. Liu, T., Yuan, C., Gao, Y., Luo, J., Yang, S., Liu, S., Zhang, R., e Zou, N. 2020. O ácido salicílico exógeno atenua a acumulação de alguns pesticidas em sementes de pepino sob diferentes métodos de cultivo. Ecotoxicologia e Segurança Ambiental. 198: 110680.
397. Liu, T., Li, T., Zhang, L., Li, H., Liu, S., Yang, S., An, Q., Pan, C., e Zou, N. 2021. O ácido salicílico exógeno alivia a acumulação de pesticidas e atenua o stress oxidativo induzido por pesticidas em plantas de pepino (*Cucumis sativus* L.). Ecotoxicologia e Segurança Ambiental. 208: 111654.
398. Lopez-Valenzuela, B. E., Armenta-Bojorquez, A. D., Hernandez-Verdugo, S., Apodaca-Sanchez, M. A., Samaniego-Gaxiola, J. A., e Valdez-Ortiz, A. 2019. *Trichoderma* spp. e *Bacillus* spp. como promotores de crescimento em milho (*Zea mays* L.). Phyton. 88(1): 37-46.
399. Lotfi, R., Gharavi, P. M., e Khoshvaghti, H. 2015. Respostas fisiológicas de *Brassica napus* ao ácido fúlvico sob stress hídrico: Fluorescência da clorofila a e atividade das enzimas antioxidantes. The Crop Journal. 3: 434-439.
400. Lotfi, R., Ghassemi-Golezani, K., e Najafi, N. 2018. Enchimento de grãos e rendimento de feijão mungo afetado pelo ácido salicílico e silício sob estresse salino. Jornal de Nutrição Vegetal. 41(14): 1778-1785.
401. Lotfi, R., Ghassemi-Golezani, K., e Pessarakli, M. 2020. O ácido salicílico regula a transferência de electrões fotossintéticos e a condutância estomática do feijão-mungo (*Vigna radiata* L.) sob stress de salinidade. Biocatálise e Biotecnologia Agrícola. 26: 101635.
402. Lucini, L., Rouphael, Y., Cardarelli, M., Canguier, R., Kumar, P., e Colla, G. 2015. O efeito de um bioestimulante derivado de plantas no perfil metabólico e no desempenho das culturas de alface cultivadas em condições salinas. Sci Hortic. 182: 124-133.
403. Lucini, L., Colla, G., Moreno, M. B. M., Bernardo, L., Cardarelli, M., Terzi, V., Bonini, P., e Rouphael, Y. 2019. A inoculação de *Rhizoglomus irregular* ou *Trichoderma atroviride* modula diferencialmente o perfil metabólico dos exsudatos da raiz do trigo. Fitoquímica. 157: 158-167.
404. Luduena, L. M., Anzuay, M. S., Angelini, J. G., McIntosh, M., Becker, A., Rupp, O., Goesmann, A., Blom, J., Fabra, A., e Taurian, T. 2019. Sequência do genoma da cepa endofítica *Enterobacter* sp. J49, um potencial biofertilizante para amendoim e milho. Genómica. 111: 913-920.
405. Luo, Y., Niu, L., Li, D., e Xiao, J. 2020. Efeitos sinérgicos de hidrolisados de proteínas vegetais e goma xantana na retrogradação de curto e longo prazo ou amido de arroz. International Journal of Biological Macromolecules. 144: 967-977.
406. Lwalaba, J. L., Zvobgo, G., Mwamba, T. M., Louis, L. T., Fu, L., Kirika, B. A., Tshibangu, A. K., Adil, M. F., Sehar, S., Mukobo, R. P., e Zhang, G. 2020. A elevada acumulação de fenólicos e aminoácidos confere tolerância ao stress combinado de cobalto e cobre na cevada (*Hordeum vulgare*). Fisiologia e Bioquímica de Plantas. 155: 927-937.

407. Ma, X., Hu, J., Wang, X., Choi, S., zhang, T.-A., Tsang, Y. F., e Gao, M.-T. 2019. Uma estratégia integrada para a utilização da palha de arroz: Produção de promotor de crescimento vegetal seguido de fermentação de etanol. Segurança de processos e proteção ambiental. 129: 1-7.
408. Mabrouk, B., Kaab, S. B., Rezgui, M., Majdoub, N., Silva, J. A. T., e Kaab, L. B. B. 2019. O ácido salicílico alivia a toxicidade do arsênico e do zinco no processo de mobilização de reservas na germinação de sementes de feno-grego (*Trigonella foenum-graecum* L.). South African Journal of Botany. 124: 235-243.
409. Machado, S. 2007. Potencial alelopático de várias espécies vegetais sobre o brome downy: Implicações para o controlo de infestantes na produção de trigo. Agron J. 99: 127-132.
410. Macias-Rodriguez, L., Contreras-Cornejo, H. A., Adame-Garnica, S. G., Del-Val, Ek., e Larsen, J. 2020. As interações de *Trichoderma* em vários níveis tróficos: comunicação inter-reinos. Microbiological Research. 240: 126552.
411. Madhaiyan, M., Poonguzali, S., Lee, J. S., Lee, K. C., e Hari, K. 2011. *Bacillus rhizosphaerae* sp. nov., uma nova bactéria diazotrófica isolada do solo da rizosfera da cana-de-açúcar. Antonie Van Leeuwenhoek van Leeuwenhoek. 100: 437-444.
412. Mahesh, H. M., Murali, M., Pal, M. A. C., Melvin, P., e Sharada, M. 5. 2017. A preparação de sementes com ácido salicílico instiga o mecanismo de defesa através da indução de proteínas PR em *Solanum melongena* L. após a infeção por *Verticillium dahliae* Kleb. Fisiologia e Bioquímica de Plantas. 117: 12-23.
413. Mahmoud, S. H., El-Tanahy, A. M. M., Marzouk, N. M., e Abou-Hussein, S. D. 2019. Efeito do ácido fúlvico e microrganismos eficazes (EM) no crescimento vegetativo e na produtividade das plantas de cebola. Ciência Atual Internacional. 08(02): 368-377.
414. Majeed, A., Abbasi, M. K., Hameed, S., Yasmin, S., Hanif, M. K., Naqqash, T., e Imran, A. 2018. Pseudomonas sp. AF-54 contendo múltiplas caraterísticas benéficas para a planta atua como intensificador de crescimento de *Helianthus annuus* L. sob entrada reduzida de fertilizantes. Pesquisa Microbiológica. 216: 56-59.
415. Maji, D., Misra, P., Singh, S., e Kalra, A. 2017. O vermicomposto rico em ácido húmico promove o crescimento das plantas, melhorando a estrutura da comunidade microbiana do solo, bem como a nodulação das raízes e a colonização micorrízica nas raízes de *Pisum sativum*. Applied Soil Ecology. 110: 97-108.
416. Mallahi, T., Saharkhiz, M. J., e Javanmardi, J. 2018. O ácido salicílico altera os atributos morfo-fisiológicos do feverfew (*Tanacetum parthenium* L.) sob estresse de salinidade. Ata Ecologica Sinica. 38(5): 351-355.
417. Mardani-Mehrabad, H., Rakhshandehroo, F., Shahbazi, S., e Shahraeen, N. 2020. Aumento da tolerância à infeção transmitida por sementes do vírus do mosaico comum do feijão em plantas de feijão tratadas

com ácido salicílico. Arquivos de Fitopatologia e Proteção de Plantas . DOI: 10.1080/03235408.2020.1834320
418. Marro, N., Lax, P., Cabello, M., Doucet, M. E., e Becerra, A. G. 2014. Uso do fungo micorrízico arbusculares *Glomus intraradices* como agente de controle biológico do nematoide *Nacobbus aberrans* parasitando o tomateiro. Arquivos Brasileiros de Biologia e Tecnologia. 57(5): 668-674.
419. Martel, A. B., e Qaderi, M. M. 2016. O ácido salicílico atenua os efeitos adversos da temperatura e da radiação ultravioleta-B em plantas de ervilha (*Pisum sativum*)? Botânica Ambiental e Experimental. 122: 39-48.
420. Martin, S. L., Mooney, S. J., Dickinson, M. J., e West, H. M. 2012. Os efeitos da colonização simultânea de raízes por três espécies de *Glomus* nas caraterísticas dos poros do solo. Biologia e Bioquímica do Solo. 49: 167-173.
421. Marulanda, A., Barea, J. M., e Azcon, R. 2006. Uma estirpe indígena tolerante à seca de *Glomus intraradices* associada a uma bactéria nativa melhora o transporte de água e o desenvolvimento radicular em *Retama sphaerocarpa*. Microbial Ecol. 52: 670.
422. Maswada, H. F., El-Razek, U. A. A., El-Sheshtawy, A.-N. A., e Elzaawely, A. A. 2018. Respostas morfo-fisiológicas e de rendimento ao extrato exógeno de folhas de moringa e ácido salicílico no milho (*Zea mays* L.) sob estresse hídrico. Arquivos de Agronomia e Ciência do Solo. 64(7): 9941010.
423. Mayak, S., Tirosh, T., e Glick, B. R. 2001. Estimulação do crescimento de plantas de tomate, pimenta e feijão mungo pela bactéria promotora do crescimento de plantas *Enterobacter cloacae* CAL3. Biological Agriculture and Horticulture. 19(3): 261-274.
424. Mclnroy, J. A., e Kloepper, J. W. 1995. Pesquisa de endófitos bacterianos indígenas de algodão e milho doce. Plant Soil. 173: 337-342.
425. McLean, K. L., Hunt, J. S., Stewart, A., Wite, D., Porter, I. J., e Villata, O. 2012. Compatibilidade de um agente de biocontrolo *Trichoderma atroviride* com práticas de gestão de culturas *de Allium*. Proteção das culturas. 33: 94-100.
426. McSpaden Gardener, B. B. 2004. Ecologia de *Bacillus* e *Paenibacillus* spp. em sistemas agrícolas. Phytopathology. 94: 1252-1258.
427. Mechri, B., Manga, A. G. B., Tekaya, M., Attia, F., Cheheb, H., Meriem, F. B., Braham, M., Boujnah, D., e Hammami, M. 2014. Mudanças nas comunidades microbianas e perfis de carboidratos induzidos pelo fungo micorrízico (*Glomus intraradices*) na rizosfera de oliveiras (*Olea europaea* L.). Applied Soil Ecology. 75: 124-133.
428. Meng, X., Yan, D., Long, X., Wang, C., Liu, Z., e Rengel, Z. 2014. A colonização por *Ochrobactrum anthropi* Mn1 endofítico promove o crescimento da alcachofra de Jerusalém. Biotecnologia Microbiana. 7(6): 601-610.
429. Mercado-Blanco, J., Rodriguez-Jurado, D., Hervas, A., e Jimenez-Diaz, R. M. 2004. Supressão da murcha de Verticillium em plantas de

oliveira por *Pseudomonas* spp. fluorescentes associadas às raízes. Biological Control. 30(2): 474-486.
430. Mercado-Blanco, J., e Bakker, P. A. H. M. 2007. Interações entre plantas e *Pseudomonas* spp. benéficas: exploração de caraterísticas bacterianas para proteção das culturas. Antonie van Leeuwenhoek. 92: 367-389.
431. Merwad, A.-R. M. A. 2016. Eficiência da fertilização com potássio e ácido salicílico no rendimento e acúmulo de nutrientes da beterraba sacarina cultivada em solo salino. Comunicações em Ciência do Solo e Análise de Plantas. 47(9): 11841192.
432. Miljakovic, D., Marinkovic, J., e Balesevic-Tubic, S. 2020. A importância de *Bacillus* spp. na supressão de doenças e promoção do crescimento de culturas de campo e vegetais. Microorganismos. 8(1037): 1-19.
433. Misko, A. L., e Germida, J. J. 2002. Taxonomic and functional diversity of pseudomonads isolated from rots of field grown canola. FEMS Microbiol Ecol. 42: 399-407.
434. Mishra, P. K., Bisht, S. C., Ruwari, P., Joshi, G. K., Singh, G., Bisht, J. K., e Bhatt, J. C. 2011. Bioassociative effect of cold tolerant *Pseudomonas* spp. and *Rhizobium leguminosarum-PR1* on iron acquisition, nutrient uptake and growth of lentil (*Lens culinaris* L.). Jornal Europeu de Biologia do Solo. 47(1): 35-43.
435. Mishra, P. K., Bisht, S. C., Mishra, S., Selvakumar, G., Bisht, J. K., e Gupta, H. S. 2012. A coinoculação de *Rhizobium* leguminosarum-PR1 com uma *Pseudomonas* sp. tolerante ao frio melhora a aquisição de ferro, a absorção de nutrientes e o crescimento da ervilha forrageira (*Pisum sativum* L.). Journal of Plant Nutrition. 35(2): 243-256.
436. Mishra, P. K., Bisht, S. C., Jeevanandan, K., Kumar, S., Bisht, J. K., e Bhatt, J. C. 2014. Efeito sinérgico da inoculação de *Pseudomonas* spp. promotoras de crescimento vegetal e *Rhizobium leguminosarum-FB1* no crescimento e absorção de nutrientes de rajmash (*Phaseolus vulgaris* L.). Arquivos de Agronomia e Ciência do Solo. 60(6): 799-815.
437. Mishra, S. K., Khan, M. H., Misra, S., Dixit, V. K., Gupta, S., Tiwari, S., Gupta, S. C., e Chauhan, P. S. 2020. A inoculação de *Ochrobactrum* sp. tolerante à seca desempenha múltiplos papéis na manutenção da homeostase em *Zea mays* L. submetido ao estresse hídrico deficitário. Plant Physiology and Biochemistry. 150: 1-14.
438. Mitra, S., Pramanik, K., Sarkar, A., Ghosh, P. K., Soren, T., e Maiti, T. K. 2018. Bioacumulação de cádmio por *Enterobacter* sp. e aumento do crescimento de mudas de arroz sob estresse de cádmio. Ecotoxicologia e Segurança Ambiental. 156: 183-196.
439. Mocali, S., Bertelli, E., Di Cello, F., Mengoni, A., Sfalanga, A., Viliani, F., Caciotii, A., Tegli, S., Surico, G., e Fani, R. 2003. Flutuação de bactérias isoladas de tecidos de olmo durante diferentes estações e de diferentes órgãos da planta. Res Microbiol. 154: 105-114.

440. Mohamadi, H., e Pakkish, Z. 2014. Papel do ácido salicílico na melhoria do rendimento da árvore de pêssego "Elberta" (*Prunus persica* L. Batsch). Jornal Internacional de Pesquisa Biológica e Biomédica Avançada. 2(4): 970-973.
441. Mohamed, M. S. M., Saleh, A. M., Abdel-Farid, I. B., e El-Naggar, S. A. 2017. Crescimento, hidrolases e ultraestrutura de *Fusarium oxysporum* como afetado por extratos ricos em fenólicos de várias plantas xerófitas. Bioquímica e Fisiologia de Pesticidas. 141: 57-64.
442. Mohammad, A., Mitra, B., e Khan, A. G. 2004. Effects of sheared-root inoculums of *Glomus intraradices* on wheat grown at different phosphorus levels in the field. Agriculture, Ecosystems & Environment. 103(1): 245-249.
443. Mohammed, A. F., Oloyede, A. R., e Odeseye, A. O. 2020. Controlo biológico da murchidão bacteriana do tomate causada por *Ralstonia solanacearum* utilizando espécies de *Pseudomonas* isoladas da rizosfera de plantas de tomate. Arquivos de Fitopatologia e Proteção de Plantas. 53(1-2): 116.
444. Mohammadi, H., Amirikia, F., Ghorbanpour, M., Fatehi, F., e Hashempour, H. 2019. O ácido salicílico induziu alterações nas caraterísticas fisiológicas e nos constituintes do óleo essencial em diferentes ecótipos de *Thymus kotschyanus* e *Thymus vulgaris* em condições de stress hídrico e bem regadas. Culturas e produtos industriais. 129: 561-574.
445. Momeni, M., Ghasemi Pirbalouti, A., Mousavi, A., e Naghdi Badi, H. 2020. Efeito das aplicações foliares de ácido salicílico e quitosano no óleo essencial de *Thymbra spicata* L. em diferentes condições de humidade do solo. Journal of Essential Oil Bearing Plants. 23(5): 1142-1153.
446. Mora, V., Bacaicoa, E., Zamarreno, A.-M., Aguirre, E., Garnica, M., Fuentes, M., e Garcia-Mina, J.-M. 2010. A ação do ácido húmico na promoção do crescimento de brotos de pepino envolve mudanças relacionadas ao nitrato associadas à distribuição de citocininas, poliaminas e nutrientes minerais da raiz para o broto. Journal of Plant Physiology. 167(8): 633-642.
447. Moradi, P., Pasari, B., e Fayyaz, F. 2017. Os efeitos da aplicação de ácido fúlvico no rendimento de sementes e óleo de cultivares de cártamo. Jornal da Agricultura da Europa Central. 18(3): 584-597.
448. Morais, E. G. D., Silva, C. A., Maluf, H. J. G. M. 2021. Embebição de raízes de mudas em ácido húmico como prática eficaz para melhorar a nutrição e o crescimento de Eucalyptus. Comunicações em Ciência do Solo e Análise de Plantas. DOI: 10.1080/001036224.2021.1885686
449. Moreno-Hernandez, J. M., Benitez-Garcia, I., Mazorra-Manzano, M. A., Ramirez-Suarez, J. C., e Sanchez, E. 2020. Estratégias para produção, caraterização e aplicação de bioestimulantes à base de proteínas na agricultura: Uma revisão. Revista Chilena de Pesquisa Agrícola. 80(2): 274289.
450. Mostofa, M. G., Rahman, Md. M., Siddiqui, Md. N., Fujita, M., e

Tran, L.-S. P. 2020. O ácido salicílico anatagoniza a fitotoxicidade do selênio no arroz: homeostase do selênio, metabolismo do estresse oxidativo e desintoxicação do metilglioxal. Journal of Hazardous Materials. 394: 122572.
451. Mota, I., Sanchez-Sanchez, J., Pedro, L. G., e Sousa, M. J. 2020. Variação da composição do óleo essencial de *Ocimum basilicum* L. cv. Genovese Gigante em resposta a *Glomus intraradices* e stress hídrico ligeiro em diferentes fases de crescimento. Biochemical Systematics and Ecology. 90: 104021.
452. Moussa, H. R., e El-Gamal, S. M. 2010. Papel do ácido salicílico na regulação da toxicidade do cádmio no trigo (*Triticum aestivum* L.). Jornal de Nutrição Vegetal. 33(10): 1460-1471.
453. Mowafy, A. M., Fawzy, M. M., Gebreil, A., e Elsayed, A. 2021. Bacillus, Enterobacter e Klebsiella endofíticos melhoram o crescimento e o rendimento do milho. Ata Agriculturae Scandinavica, Secção B - Ciência do Solo e das Plantas. DOI: 10.1080/09064710.2021
454. Mukherjee, A., Sinha Babu, S. P., e Mandal, F. B. 2012. Potencial da atividade do ácido salicílico derivado do tomate induzido por estresse (água) contra *Meloidogyne incognita*. Arquivos de Fitopatologia e Proteção das Plantas. 45(16): 1909-1916.
455. Mukherjee, A., e Babu, S. P. S. 2013. Supressão mediada por *Pseudomonas fluorescens* da infeção por *Meloidogyne incognita* de feijão-caupi e tomate. Arquivos de Fitopatologia e Proteção das Plantas. 46(5): 607-616.
456. Mukhia, S., Khatri, A., Acharya, V., e Kumar, R. 2021. A genômica comparativa e a análise de adaptação molecular de *Arthrobacter* de Sikkim Himalaya forneceram informações sobre sua capacidade de sobrevivência sob múltiplos estresses de alta altitude. Genómica. 113(1): 151-158.
457. Mukhopadhyay, R., e Kumar, D. 2020. *Trichoderma*: um agente antifúngico benéfico e uma visão dos seus mecanismos de potencial biocontrolo.
Egyptian Journal of Biological Pest Control. 30: 133.
458. Murphy, J. F., Zehnder, G. W., Schuster, D. J., Sikora, E. J., Polston, J. E., e Kloepper, J. W. 2000. Proteção mediada por rizobactérias promotoras do crescimento das plantas no tomate contra o tomato mottle virus. Plant Dis. 84: 779-784.
459. Naeem, M., Sadiq, Y., Jahan, A., Nabi, A., Aftab, T., e Khan, M. M. A. 2020. O ácido salicílico restringe a explosão oxidativa induzida pelo arsénico em duas variedades de *Artemisia annua* L., modulando o sistema de defesa antioxidante e a produção de artemisinina. Ecotoxicologia e Segurança Ambiental. 202: 110851.
460. Nakkeeran, S., Kavitha, K., Chandrasekar, G., Renukadevi, P., e Fernando, W. G. D. 2006. Indução de compostos de defesa das plantas por *Pseudomonas chlororaphis* PA23 e *Bacillus subtilis* BSCBE4 no controlo do amortecimento do pimento causado por *Pythium aphanidermatum*. Ciência e Tecnologia do Biocontrolo. 16(4): 403-416.

461. Nandeeshkumar, P., Ramachandrakini, K., Prakash, H. S., Niranjana, S. R., e Shekar Shetty, H. 2008. Indução de resistência contra o míldio no girassol por rizobactérias. J Plant Interact. 3: 255-262.
462. Nandini, B., Geetha, N., Prakash, H. S., e Hariparsad, P. 2021. Absorção natural de anti-oomicetos *Trichoderma* produziu metabólitos secundários de mudas de milheto de pera - Um novo mecanismo de controle biológico da doença do míldio. Biological Control. 156: 104550.
463. Nanjundappa, A., Bagyaraj, D. J., Saxena, A. L., Kumar, M., e Chakdar, H. 2019. Interação entre fungos micorrízicos arbusculares e *Bacillus* spp. no solo, aumentando o crescimento das plantas cultivadas. Biologia Fúngica e Biotecnologia. 6(23): 1-10.
464. Nardi, S., Pizzeghello, D., Muscolo, A., e Vianello, A. 2002. Efeitos fisiológicos das substâncias húmicas nas plantas superiores. Soil Biology and Biochemistry. 34(11): 1527-1536.
465. Narisawa, K., Tokumasu, S., e Hashiba, T. 1998. Supressão da formação de clubroot em couve chinesa pelo fungo endofítico da raiz, *Heteroconium chaetospira*. Patologia Vegetal. 47(2): 206-210.
466. Narisawa, K., Shimura, M., Usuki, F., Fukuhara, S., e Hashiba, T. 2005. Efeitos da densidade do agente patogénico, da humidade e do pH do solo no controlo biológico do clubroot em couve chinesa por *Heteroconium chaetospira*. Plant Disease. 89: 28-290.
467. Narisawa, K., Hambleton, S., e Currah, R. S. 2007. *Heteroconium chaetospira*, um endófito de raiz septada escura aliado à Herpotrichiellaceae (Chaetothyriales) obtido de algumas amostras de solo florestal no Canadá usando plantas iscas. Mycoscience. 48(5): 274-281.
468. Natesan, K., Pnmurugan, P., Gnanamangai, B. M., Manigandan, V., Joy, S. P. J., Jayakumar, C., e Amsaveni, G. 2020. Biossíntese de nanopartículas de sílica e cobre de *Trichoderma*, *Streptomyces* e *Pseudomonas* spp. avaliadas contra o cancro do colarinho e a podridão vermelha da raiz das plantas de chá. Arquivos de Fitopatologia e Proteção de Plantas. DOI: 10.1080/03235408.2020.1817258
469. Naz, R., Safraz, A., Anwar, Z., Yasmin, H., Nosheen, A., Keyani, R., e Roberts, T. H. 2021. Capacidade combinada de ácido salicílico e espermidina para mitigar os efeitos individuais e interativos da seca e do estresse de cromo no milho (*Zea mays* L.). Plant Physiology and Biochemistry. 159: 285300.
470. Nazar, R., Umar, S., Khan, N. A., e Sareer, O. 2015. A suplementação com ácido salicílico melhora a fotossíntese e o crescimento da mostarda através de alterações na acumulação de prolina e na formação de etileno sob stress hídrico. Jornal Sul-Africano de Botânica. 98: 84-94.
471. Nazari, R., Parsa, S., Afshari, R. T., Mahmoodi, S., e Seyyedi, S. M. 2020. A preparação com ácido salicílico antes e depois do processo de envelhecimento acelerado aumenta o vigor das plântulas em sementes de soja envelhecidas. Journal of Crop Improvement. 34(2): 218-237.
472. Nazirkar, A., Wagh, M., Qureshi, A., Bodade, R., e Kutty, R. 2020.

Desenvolvimento de ferramenta de rastreamento para genes de p-nitrofenol monooxigenase do solo aumentado com isolados degradantes de p-Nitrofenol: *Bacillus*, *Pseudomonas* e *Arthrobacter*. Bioremediation Journal. 24(1): 71-79.
473. Nemec, S. 1997. Longevidade dos agentes microbianos de biocontrolo numa mistura de plantação alterada com *Glomus intraradices*. Ciência e Tecnologia do Biocontrolo. 7(2): 183-192.
474. Ng, I.-S., Wu, X., Yang, X., Xie, Y., Lu, Y., e Chen, C. 2013. Efeito sinérgico de celulases *de Trichoderma reesei* em resíduos de chá agrícola para adsorção de metal pesado Cr (VI). Bioresource Technology. 145: 297301.
475. Ngom, B., Mamati, E., Goudiaby, M. F., Kimatu, J., Sarr, I., Diouf, D., e Kane, N. A. 2018. A análise de metilação revelou que o ácido salicílico afeta a defesa do milheto de pérola através da desmetilação externa do DNA da citosina. Jornal de Interações Vegetais. 13(1): 288-293.
476. Nie, P., Li, X., Wang, S., Guo, J., Zhao, H., e Niu, D. 2017. Resistência sistêmica induzida contra *Botrytis cinerea* por *Bacillus cereus* AR156 através de uma via de sinalização dependente de JA / ET e NPR1 e ativa a imunidade acionada por pamp em Arabidopsis. Front Plant Sci. 8: 238.
477. Nie, W., Gong, B., Chen, Y., Wang, J., Wei, M. e Shi, Q. 2018. A capacidade fotossintética, a homeostase iônica e o metabolismo reativo do oxigênio estavam envolvidos no ácido salicílico exógeno, aumentando a tolerância das mudas de pepino ao estresse alcalino. Scientia Horticulturae. 235: 413-423.
478. Nikbakht, A., Kafi, M., Babalar, M., Xia, Y. P., Luo, A., e Etemadi, N.-A. 2008. Effect of humic acid on plant growth, nutrient uptake, and postharvest life of Gerbera. Journal of Plant Nutrition. 31(12): 2155-2167.
479. Niznansky, L., Varecka, L., e Krystofova, S. 2016. A interrupção do shunt GABA afeta a resposta *de Trichoderma atroviride* a estímulos nutricionais e ambientais. Ata Chimica Slovaca. 9(2): 109-113.
480. Noell, A. C., Ely, T., Bolser, D. K., Darrach, H., Hodyss, R., Johnson, P. V., Hein, J. D., e Ponce, A. 2015. Espectroscopia e viabilidade de esporos *de Bacillus subtilis* após irradiação ultraviolenta: Implicações para a deteção de potencial vida bacteriana em Europa. Astrobiologia. 15(1): 20-31.
481. Nordstedt, N. P., Chapin, L. J., Taylor, C. G., e Jones, M. L. 2020. Identificação de *Pseudomonas* spp. que aumentam a qualidade das culturas ornamentais durante o estresse abiótico. Fronteiras na ciência das plantas. 10: 1754.
482. Nunes, R. O., Domiciano, G. A., Alves, W. S., Melo, A. C. A., Nogueira, F. C. S., Canellas, L. P., Olivares, F. L., Zingali, R. B., e Soares, M. R. 2019. Avaliação dos efeitos dos ácidos húmicos na arquitetura radicular do milho por análise proteômica sem rótulo. Relatórios Científicos. 9: 12019.
483. Ohki, T., Yonezawa, M., Hashiba, T., Masuya, H., Usuki, F.,

Narisawa, K., e Narisawa, K. 2002. Processo de colonização do fungo endofítico de raiz *Heteroconium chaetospira* em raízes de couve chinesa. Mycoscience. 43(2): 191-194.
484. Ojaghian, S., Wang, L., Xie, G.-L., e Zhang, J.-Z. 2019. Efeito dos voláteis produzidos por *Trichoderma* spp. na expressão de genes da glutationa transferase em *Sclerotinia sclerotiorum*. Biological Control. 136: 103999.
485. Ojha, S., Chakraborty, M., e Chatterjee, N. C. 2012. Influência do ácido salicílico e do *Glomus fasciculatum* na murcha fusarial do tomate e do brinjal. Archives of Phytopathology and Plant Protection. 45(13): 15991609.
486. Oksinska, M. P., Wright, S. A. I., e Pietr, S. J. 2011. Colonização de plântulas de trigo (*Triticum aestivum* L.) por estirpes de *Pseudomonas* spp. no que respeita aos seus perfis de utilização de nutrientes. Jornal Europeu de Biologia do Solo. 47(6): 364-373.
487. Olaetxea, M., Hita, D. D., Garcia, A., Fuentes, M., Baigorri, R., Mora, V., Garnica, M., Urrutia, O., Erro, J., Zamarreno, A. M., Berbara, R. L., e Garcia-Mina, J. M. 2018. Estrutura hipotética que integra os principais mecanismos envolvidos na ação promotora de substâncias húmicas rizosféricas no crescimento de raízes e brotos de plantas. Ecologia Aplicada do Solo. 123: 521-
537.
488. Olanya, O. M., Taylor, J., Ukuku, D. O., e Malik, N. S. A. 2015. Inativação de serovares *de Salmonella* por estirpes *de Pseudomonas chlororaphis* e *Pseudomonas fluorescens* em tomates. Ciência e Tecnologia de Biocontrolo. 25(4): 399-413.
489. Olivares, F. L., Aguiar, N. O., Rosa, R. C. C., e Canellas, L. P. 2015. A biofortificação do substrato em combinação com pulverizações foliares de bactérias promotoras do crescimento de plantas e substâncias húmicas aumenta a produção de tomate orgânico. Scientia Horticulturae. 183: 100-108.
490. Olivares, F. L., Busato, J. G., Paula, A. M. De., Lima, L. D. S., Aguiar, N. O., e Canellas, L. P. 2017. Bactérias promotoras de crescimento vegetal e substâncias húmicas: promoção de culturas e mecanismos de ação. Tecnologias químicas e biológicas na agricultura. 4(30): 1-13.
491. Oliveira, R. S., Castro, P. M. L., Dodd, J. C., e Vosatka, M. 2005. Efeito sinérgico de *Glomus intraradices* e *Frankia* spp. no crescimento e recuperação de stress de *Alnus glutinosa* num sedimento antropogénico alcalino. Chemosphere. 60(10): 1462-1470.
492. Oliveira, K. R., Junior, J. P. S., Bennett, S. J., Checchio, M. V., Alves, R. D. C., Felisberto, G., Prado, R. D. M., e Gratao, P. L. 2020. Aplicações exógenas de silício e ácido salicílico melhoram a tolerância à toxicidade do boro em cultivares de ervilha forrageira através da intensificação dos sistemas de defesa antioxidante. Ecotoxicologia e Segurança Ambiental. 201: 110778.
493. Onal, N., Avsar, C., e Aras, E. S. 2020. Deteção de isolados de

Pseudomonas multirresistentes e distribuição de genes funcionais desnitrificantes. Jornal Internacional de Pesquisa em Saúde Ambiental. DOI: 10.1080/09603123.2020.1720619
494. Ondrasek, G., Rengel, Z., e Romic, D. 2018. Os ácidos húmicos diminuem a absorção e a distribuição de metais vestigiais, mas não o crescimento de rabanete exposto à toxicidade do cádmio. Ecotoxicologia e Segurança Ambiental. 151: 55-61.
495. Oosten, M. J. V., Pepe, O., Pascale, S. D., Silletti, S., e Maggio, A. 2017. O papel dos bioestimulantes e bioefectores como aliviadores do stress abiótico nas plantas cultivadas. Tecnologias químicas e biológicas na agricultura. 4(5): 1-12.
496. Orlandini, V., Maida, I., Fondi, M., Perrin, E., Papaleo, M. C., Bosi, E., Pascale, D. D., Tutino, M. L., Michaud, L., Giudice, A. L., e Fani, R. 2014. Análise genómica de três estirpes *de Arthrobacter* Antarctic associadas a esponjas, inibindo o crescimento de bactérias do complexo *Burkholderia cepacia* através da síntese de compostos orgânicos voláteis. Microbiological Research. 169: 593-601.
497. Osama, S., El Sherei, M., Al-Mahdy, D. A., Bishr, M., e Salama, O. 2019. Efeito da pulverização foliar de ácido salicílico nos parâmetros de crescimento, y-pironas, conteúdo fenólico e atividade de eliminação de radicais de plantas *Ammi visnaga* L. estressadas pela seca. Industrial Crops and Products. 134: 1-10.
498. Oskiera, M., Szczech, M., Stepowska, A., Smolinska, U., e Bartoszewski, G. 2017. Monitorização de espécies *de Trichoderma* no solo agrícola em resposta à aplicação de biopreparações. Controlo Biológico. 113: 65-72.
499. Osman, A. Sh., e Rady, M. M. 2012. Efeitos benéficos do enxofre e do ácido húmico no crescimento, nos níveis de antioxidantes e na produção de ervilha (*Pisum sativum* L.) cultivada em solo salino recuperado. The Journal of Horticultural Science and Biotechnology. 87(6): 626-632.
500. Ouni, Y., Ghnaya, T., Montemurro, F., Abdelly, Ch., e Lakhdar, A. 2014. O papel das substâncias húmicas na mitigação dos efeitos nocivos da salinidade do solo e na melhoria da produtividade das plantas. Revista Internacional de Produção Vegetal. 8(3): 353-374.
501. Ozfidan-Konakci, C., Yildiztugay, E., Bahtiyar, M., e Kucukoduk, M. 2018. As mudanças induzidas pelo ácido húmico no estado da água, fluorescência da clorofila e sistemas de defesa antioxidante das folhas de trigo com estresse de cádmio. Ecotoxicologia e Segurança Ambiental. 155: 66-75.
502. Ozyigit, I. I., Kahraman, M. V., e Ercan, O. 2007. Relação entre a idade dos explantes, fenol total e resposta de regeneração em algodão cultivado em tecido (*Gossypium hirsutum* L.). Jornal Africano de Biotecnologia. 6(1): 003-008.
503. Pakdaman, N., Javanshah, A., e Nadi, M. 2018. O efeito dos ácidos húmicos e fúlvicos como biofertilizantes no crescimento de mudas *de*

Pistacia vera em condições alcalinas. Revista Pistache e Saúde. 1(4): 13-20.
504. Palencia, P., Martinez, F., Pestana, M., Oliveira, J. A., e Correira, P. J. 2015. Efeito de *Bacillus velezensis* e *Glomus intraradices* na qualidade dos frutos e parâmetros de crescimento em sistema de cultivo sem solo de morangueiro. The Horticulture Journal. 84(2): 122-130.
505. Panda, S. K., e Maiti, S. K. 2019. Uma abordagem para desintoxicação simultânea e incremento da produção de enzimas de celulose por *Trichoderma reesei* usando palha de arroz. Fontes de energia, parte A: recuperação, utilização e efeitos ambientais. 41(22): 2691-2703.
506. Panda, B., Rahman, H., e Panda, J. 2016. Bactérias solubilizadoras de fosfato dos solos ácidos da região leste do Himalaia e seu efeito antagônico sobre patógenos fúngicos. Rhizosphere. 2: 62-71.
507. Pandey, A., e Palni, L. M. S. 1997. *Bacillus* species: the dominant bacteria of the rhizosphere of established tea bushes. Microbiol Res. 152: 359-365.
508. Pandey, C., Bajpai, V. K., Negi, Y. K., Rather, I. A., e Maheshwari, D. K. 2018. Efeito do crescimento da planta promovendo *Bacillus* spp. nas propriedades nutricionais dos grãos de *Amaranthus hypochondriacus*. Jornal Saudita de Ciências Biológicas. 25: 1066-1071.
509. Paradikovic, N., Vinkovic, T., Vrcek, I. V., Zuntar, I., Bojic, M., e Medic-Saric, M. 2011. Efeito de bioestimulantes naturais no rendimento e na qualidade nutricional: um exemplo de plantas de pimentão amarelo doce (*Capsicum annuum* L.). J Sci Food Agric. 91: 2146-2152.
510. Park, M. S., Jung, S. R., Lee, M. S., Kim, K. O., Do, J. O., Lee, K. H., Kim, S. B., e Bae, K. S. 2005. Isolamento e caraterização de bactérias associadas a duas espécies de plantas de dunas de areia, *Calystegia soldanella* e *Elymus mollis*. J Microbiol. 43: 219-227.
511. Park, Y. G., Mun, B. G., Kang, S. M., Hussain, A., Shahzad, R., Seo, C. W. e Lee, I. J. 2017. *Bacillus aryabhattai* SRB02 tolera o estresse oxidativo e nitrosativo e promove o crescimento da soja, modulando a produção de fitohormônios. PLOS ONE. 12: e0173203.
512. Parrado, J., Escudero-Gilete, M. L., Friaza, V., Garcia-Martinez, A., Gonzalez-Miret, M. L., Bautista, J. D., e Heredia, F. J. 2007. Extrato vegetal enzimático com componentes bioactivos: influência do fertilizante na cor e nas antocianinas das uvas tintas. J Sci Food Agric. 87: 2310-2318.
513. Parrado, J., Bautista, J., Romero, E. J., Garcia-Martinez, A. M., Friaza, V., e Tejada, M. 2008. Produção de um extrato enzimático de alfarroba: potencial utilização como biofertilizante. Bioresour. Technol. 99: 2312-2318.
514. Pasciak, M., Sanchez-Carballo, P., Duda-Madej, A., Lindner, B., Gamian, A., e Holst, O. 2010. Caracterização estrutural dos principais glicolípidos de *Arthrobacter globiformis* e *Arthrobacter scleromae*. Carbohydrate Research. 345(10): 1497-1503.
515. Patek, M., Grulich, M., e Nesvera, J. 2021. Resposta ao stress em estirpes *de Rhodococcus*. Biotechnology Advances. DOI: 10.1016/j.biotechadv.2021.107698

516. Patel, P., Shah, R., e Modi, K. 2017. Isolamento e caraterização do potencial de promoção do crescimento vegetal de *Acinetobacter* sp. RSC7 isolado de *Saccharum officinarum* cultivar Co 671. Jornal de Biologia Experimental e Ciências Agrárias. 5(4): 483-491.
517. Patil, S., Nikam, M., Anokhina, T., Kochetkov, V., e Chaudhari, A. 2017. *Pseudomonas* spp. MCC 3145 produtora de citostáticos e pigmento fungicida, tolerante a múltiplos estresses, que promove o crescimento de plantas. Biocatálise e Biotecnologia Agrícola. 10: 53-63.
518. Pattanik, S., Dash, D., Mohapatra, S., Pattnaik, M., Marandi, A. K., Das, S., e Samantaray, D. P. 2020. Melhoria da produtividade da planta de arroz por bactérias nativas redutoras de Cr (VI) e promotoras de crescimento vegetal *Enterobacter*
cloacae. Chemosphere. 240: 124895.
519. Pawar, P. B., Khadilkar, J. P., Kulkarni, M. V., e Melo, J. S. 2018. Uma abordagem para melhorar a qualidade nutritiva do óleo de semente de amendoim (*Arachis hypogaea* L.) através da fertirrigação endo micorrízica. Biocatálise e Biotecnologia Agrícola. 14: 18-22.
520. Pellegrini, A., Prodorutti, D., e Pertot, I. 2014. Uso de cobertura morta de casca pré-inoculada com *Trichoderma atroviride* para controlar a podridão radicular de Armillaria. Proteção das Culturas. 64: 104-109.
521. Peng, H., Xie, W., Li, D., Wu, M., Zhang, Y., Xu, H., Ye, J., Ye, T., Xu, L., Liang, Y., e Liu, W. 2019. Mecanismo resistente ao cobre do *Ochrobactrum* MT180101 e sua aplicação no biorreator de membrana para o tratamento de águas residuais de galvanoplastia. Ecotoxicologia e Segurança Ambiental. 168: 17-26.
522. Petit, E., e Gubler, W. D. 2006. Influência de *Glomus intraradices* na doença do pé negro causada por *Cylindrocarpon macrodidymum* em Vitis rupestris em condições controladas. Plant Disease. 90(12): 1481-1484.
523. Petropoulos, S. A. 2020. Aplicação prática de bioestimulantes vegetais na produção de hortaliças em estufa. Agronomia 10(10): 1569.
524. Petropoulos, S. A., Xyrafis, E., Polyzos, N., Antoniadis, V., Fernandes, A., Barros, L., e Ferreira, C. F. R. 2020a. A otimização da adubação nitrogenada regula o desempenho e a qualidade da cultura do tomate para processamento (*Solanum Lycopersicum* L. cv. Heinz 3402). Agronomia. 10(5): 715.
525. Petropoulos, S. A., Fernandes, A., Plexida, S., Chrysargyris, A., Tzortzakis, N., Barreira, J. C. M., Barros, L., e Ferreira, I. C. F. R. 2020. A aplicação de bioestimulantes alivia os efeitos do stress hídrico no rendimento e na composição química do farelo verde de estufa (*Phaseolus vulgaris* L.). Agronomia. 10(2): 181.
526. Petropoulos, S. A., Fernandes, A., Dias, M. I., Pereira, C., Calhelhda, R. C., Ivanov, M., Sokovic, M. D., Ferreira, I. C. F. R., e Barros, L. 2021. Efeitos do substrato de cultivo e da adubação nitrogenada na composição química e propriedades bioativas de *Centaurea raphanina* spp. mixta (DC.) Ruenmark. Agronomia. 11(3): 576.

527. Pilanal, N., e Kaplan, M. 2003. Investigação dos efeitos na absorção de nutrientes de aplicações de ácido húmico de diferentes formas na planta de morango. Journal of Plant Nutrition. 26(4): 835-843.
528. Pirasteh-Anosheh, H., e Emam, Y. 2018. Modulação de danos oxidativos devido ao estresse salino usando ácido salicílico em *Hordeum vulgare*. Arquivos de Agronomia e Ciência do Solo. 64(9): 1268-1277.
529. Pirasteh-Anosheh, H., Emam, Y., e Pessarakli, M. 2019. Padrão de enchimento de grãos de *Hordeum vulgare* como afetado pelo ácido salicílico e sal
stress. Journal of Plant Nutrition. 42(3): 278-286.
530. Plenchette, C., e Duponnois, R. 2005. Resposta do crescimento do arbusto salgado *Atriplex nummularia* L. à inoculação com o fungo micorrízico arbuscular *Glomus intraradices*. Journal of Arid Environments. 61(4): 535-540.
531. Ponce, M. A., Scervino, J. M., Erra-Balsells, Ocampo, J. A., e Godeas, A. M. 2004. Flavonóides de rebentos e raízes de *Trifolium repens* (trevo branco) cultivados na presença ou ausência do fungo micorrízico arbuscular *Glomus intraradices*. Phytochemistry. 65(13): 1925-1930.
532. Poorghadir, M., Torkashvand, A. M., Mirjalili, S. A., e Moradi, P. 2020. Interações de aminoácidos (prolina e fenilalanina) e bioestimulantes (ácido salicílico e quitosano) no crescimento e nos componentes do óleo essencial da segurelha (*Satureja hortensis* L.). Biocatalysis and Agricultural Biotechnology. 30: 101815.
533. Popko, M., Michalak, I., Wilk, R., Gramza, M., Chojnacka, K., e Gorecki, H. 2020. Efeito dos novos bioestimulantes de crescimento vegetal baseados em aminoácidos no rendimento e na qualidade do grão do trigo de inverno. Molecules. 23(470): 1-13.
534. Porcel, R., Aroca, R., Cano, C., Bago, A., e Ruiz-Lozano, J. M. 2007. Um gene do fungo micorrízico arbuscular *Glomus intraradices* que codifica uma proteína de ligação é regulado positivamente pelo stress da seca em algumas plantas micorrízicas. Botânica Ambiental e Experimental. 60(2): 251256.
535. Posada, L. F., Alvarez, J. C., Hu, C.-H., de-Bashan, L. E., e Bashan, Y. 2016. Construção de sonda da bactéria promotora de crescimento vegetal *Bacillus subtilis* útil para hibridização *in situ* por fluorescência. Jornal de Métodos Microbiológicos. 128: 125-129.
536. Pouramir-Dashtmian, F., Khajeh-Hosseini, M., e Esfahani, M. 2014. Melhorando a tolerância ao frio das mudas de arroz por meio de sementes com ácido salicílico. Arquivos de Agronomia e Ciência do Solo. 60(9): 1291-1302.
537. Poursakhi, N., Razmjoo, J., e Karimmojeni, H. 2019. Efeito interativo do stress da salinidade e da aplicação foliar de ácido salicílico em alguns traços físico-químicos dos genótipos de chicória (*Cichorium intybus* L.). Scientia Horticulturae. 258: 108810.
538. Prajapati, K., e Modi, H. A. 2016. Efeito promotor do crescimento de

Enterobacter hormaechei (KSB-8) solubilizante de potássio em pepino (*Cucumis sativus*) em condições hidropónicas. Revista Internacional de Pesquisa Avançada em Ciências Biológicas. 3(5): 168-173.
539. Pramanik, K., Mitra, S., Sarkar, A., e Maiti, T. K. 2018. Alívio dos efeitos fitotóxicos do cádmio em mudas de arroz por estirpe de PGPR resistente ao cádmio *Enterobacter aerogenes* MCC 3092. Jornal de Materiais Perigosos. 351: 317-329.
540. Pranckietiene, I., Mazuolyte-Miskine, E., Pranckietis, V., Dromantiene, R., Sidlauskas, G., e Vaisvalavicius, R. 2015. O efeito dos aminoácidos nas alterações de azoto, fósforo e potássio na cevada de primavera em condições de défice hídrico. Zemdirbyste-Agriculture. 102(3): 265272.
541. Prashant, S., Makarand, R., Bhushan, C., e Sudhir, C. 2009. *Acineotobacter calcoaceticus* sideróforo isolado da rizosfera do trigo com forte atividade de PGPR. Malay J Microb. 5(1): 6-12.
542. Praveen Kumar, G., Desai, S., Leo Daniel Amalraj, D., Ahmed, M. H. SK., e Reddy, G. 2012. *Pseudomonas* spp. promotoras do crescimento de plantas de diversos agro-ecossistemas da Índia para *Sorghum bicolor* L. Journal of Biofertilizers and Biopesticides. S7(001): 1-8.
543. Priya, B. N. V., Mahavishnan, K., Gurumurthy, D. S., Bindumadhava, H., Ambika, P., Upadhyay, e Sharma, N. K. 2014. Ácido fúlvico (FA) para maior absorção e crescimento de nutrientes: Insights de estudos bioquímicos e genómicos. Journal of Crop Improvement. 28(6): 740-757.
544. Promyou, S., Ketsa, S., e van Doorn, W. G. 2012. O ácido salicílico alivia a lesão por frio em flores de antúrio (*Anthurium andraeanum* L.). Biologia e Tecnologia Pós-colheita. 64(1): 104-110.
545. Promyou, S., e Supapvanich, S. 2020. Efeito combinado da imersão em ácido salicílico e iluminação UV-C em fatores relacionados a lesões por resfriamento de frutas longan (*Dimocarpus longan* Lour.). International Journal of Fruit Science. 20(2): 133-148.
546. Przemieniecki, S. W., Kurowski, T. P., Damszel, M., Krawczyk, K., e Karwowska, A. 2018. Eficácia da estirpe *Bacillus* sp. SP-A9 como agente de controlo biológico do trigo de primavera (*Triticum aestivum* L.). J Agr Sci Tech. 20: 609-619.
547. Puglisi, E., Fragoulis, G., Ricciuti, P., Cappa, F., Spaccini, R., Piccolo, A., Trevisan, M., e Crecchio, C. 2009. Efeitos de um ácido húmico e das suas fracções de tamanho na comunidade bacteriana da rizosfera do solo sob milho (*Zea mays* L.). Chemosphere. 77(6): 829-837.
548. Quiroga, G., Erice, G., Aroca, R., Zamarreno, A. M., Garcia-Mina, J. M., e Ruiz-Lozano, J. M. 2018. A simbiose micorrízica arbuscular e o ácido salicílico regulam as aquaporinas e as propriedades hidráulicas das raízes em plantas de milho submetidas à seca. Gestão da água agrícola. 202: 271-284.
549. Radhakrishnan, R., e Lee, I. J. 2016. *O Bacillus methylotrophicus* KE2, produtor de giberelinas, apoia o crescimento das plantas e melhora os metabolitos nutricionais e os valores alimentares da alface. Plant Physiol

Biochem.
109: 181-189.
550. Rakowski, A., e Radkowska, I. 2018. Influência da fertilização foliar com preparações de aminoácidos em caraterísticas morfológicas e rendimento de sementes de timóteo. Plant Soil Environ. 64.
551. Rady, M. M., e Mohamed, G. F. 2015. Modulação dos efeitos do stress salino no crescimento, atributos físico-químicos e rendimentos das plantas *Phaseolus vulgaris* L. pela aplicação combinada de ácido salicílico e extrato de folhas de *Moringa oleifera*. Scientia Horticulturae. 193: 105-113.
552. Rai, V. K. 2002. Role of amino acids in plant responses to stresses. Biologia Plantarum. 45(4): 481-487,
553. Rai, K. K., Rai, N., e Rai, S. P. 2018. O ácido salicílico e o óxido nítrico aliviam os danos oxidativos induzidos por altas temperaturas nas plantas *Lablab purpureus* L., regulando os processos biofísicos e a metilação do DNA. Fisiologia e Bioquímica Vegetal. 128: 72-88.
554. Raina, K., Rajamanickam, S., Deep, G., Singh, M., Agrawal, R., e Agarwal, C. 2008. Chemopreventive effects of oral gallic acid feeding on tumor growth and progression in TRAMP mice. Mol Cancer Ther. 7: 12581267.
555. Rais, A., Jabeen, Z., Shair, F., Hafeez, F. Y., e Hassan, M. N. 2017. *Bacillus* spp., um agente de biocontrole, aumenta a atividade das enzimas de defesa antioxidante no arroz contra *Pyricularia oryzae*. PLOS ONE. 12: e0187412.
556. Raj, S. N., Shetty, N. P., e Shetty, H. S. 2004. A biopreparação de sementes com isolados *de Pseudomonas fluorescens* melhora o crescimento de plantas de milheto e induz resistência contra o míldio. International Journal of Pest Management. 50(1): 41-48.
557. Rajkumar, M., Bruno, L. B., e Bansu, R. 2017. Alívio do stress ambiental nas plantas: O papel de *Pseudomonas* spp. benéficas Revisões críticas em ciência e tecnologia ambiental. 47(6): 372-407.
558. Raju, S., Jayalakshmi, S. K., e Sreeramulu, K. 2009. Differential elicitation of proteases and protease inhibitors in two different genotypes of chickpea (*Cicer arietinum*) by salicylic acid and spermine. Journal of Plant Physiology. 166(10): 1015-1022.
559. Ramadoss, D., Lakkineni, V. K., Bose, P., Ali, S., e Annapurna, K. 2013. Mitigação do estresse salino em mudas de trigo por bactérias halotolerantes isoladas de habitats salinos. SpringerPlus. 2: 6.
560. Ran, L. X., Liu, C. Y., Wu, G. J., van Loon, L. C., e Bakker, P. A. H. M. 2005. Supressão da murcha bacteriana em *Eucalyptus urophylla* por *Pseudomonas* spp. fluorescentes na China. Biological Control. 32(1): 111-120.
561. Rasul, M., Yasmin, S., Yahya, M., Breitkreuz, C., Tarkka, M., e
Reitz, T. 2021. As caraterísticas promotoras do crescimento do trigo das espécies *Ochrobactrum* e *Pantoea*, responsáveis pela solubilização de diferentes fontes de P, são asseguradas por genes que codificam enzimas de

múltiplas vias de libertação de P. Microbiological Research. 246: 126703.
562. Raupach, G. S., e Kloepper, J. W. 1998. As misturas de rizobactérias promotoras do crescimento das plantas melhoram o controlo biológico de vários agentes patogénicos do pepino. Phytopathology. 88: 1158-1164.
563. Razavi Nasab, A., Fotovat, A., Astaraie, A., e Tajabadipour, A. 2019. Efeito de resíduos orgânicos e ácido húmico em alguns parâmetros de crescimento e concentração de nutrientes de mudas de pistache. Comunicações em Ciência do Solo e Análise de Plantas. 50(3): 254-264.
564. Razmi, N., Ebadi, A., Daneshian, J., e Jahanbakhsh, S. 2017. Alterações induzidas pelo ácido salicílico na capacidade antioxidante, pigmentos e rendimento de grãos de genótipos de soja em condições de déficit hídrico. Jornal de Interações Vegetais. 12(1): 457-464.
565. Recorbet, G., Valot, B., Robert, F., Gianinazzi-Pearson, e Dumas-Gaudot, E. 2010. Identificação de proteínas fúngicas micorrízicas arbusculares *expressas em plantas* após comparação dos proteomas radiculares de *Medicago truncatula* colonizados com duas espécies de *Glomus*. Fungal Genetics and Biology. 47(7): 608-618.
566. Redon, P.-O., Beguiristain, T., e Leyval, C. 2008. Influência de *Glomus intraradices* na partição de Cd numa experiência em vaso com *Medicago truncatula* em quatro solos contaminados. Biologia e Bioquímica do Solo. 40(10): 2710-2712.
567. Reiter, B., e Sessitsch, A. 2006. Endófitos bacterianos da flor silvestre *Crocus albiflorus* analisados por caraterização de isolados e por abordagem independente do cultivo. Can J Microbiol. 52: 140-149.
568. Reithner, B., Schuhmacher, R., Stoppacher, N., Pucher, M., Brunner, K., e Zeilinger, S. 2007. A sinalização através da proteína quinase activada por mitogénio Tmk1 *de Trichoderma atroviride* afecta diferencialmente o micoparasitismo e a proteção das plantas. Fungal Genetics and Biology. 44(11): 1123-1133.
569. Ren, Y., Zhou, Z., Guo, X., Li, Y., Feng, L., e Wang, L. 2010. Sequência completa do genoma de *Enterobacter cloacae* subsp. *cloacae* type strain ATCC 13047. J Bacteriol. 192: 2463-2464.
570. Reyes-Castillo, A., Gerding, M., Oyarzua, P., Zagal, E., Gerding, J., e Fischer, S. 2019. Rizobactérias promotoras do crescimento de plantas capazes de melhorar a disponibilidade de NPK: seleção, identificação e efeitos no crescimento do tomate. Revista Chilena de Pesquisa Agrícola. 79(3): 473-485.
571. Robinson-Boyer, L., Jeger, M. J., Xu, X.-M., e Jeffries, P. 2009. Gestão do moud cinzento do morangueiro utilizando misturas de agentes de biocontrolo com diferentes mecanismos de ação. Ciência e Tecnologia do Biocontrolo. 19(10): 1051-1065.
572. Rokhbakhsh-Zamin, F., Sachdev, D., Kazemi-Pour, N., Engineer, A., Pardesi, K. R., Zinjarde, S., Dhakephalkar, P. K., e Chopade, B. A. 2011. Caracterização de caraterísticas promotoras do crescimento de plantas de espécies de *Acinetobacter* isoladas da rizosfera de *Pennisetum glaucum*. J

Microbiol Biotechnol. 21: 556-566.
573. Rosa, D. R., e Herrera, C. J. L. 2009. Avaliação de *Trichoderma* spp. como agentes de biocontrolo contra a podridão branca da raiz do abacateiro. Biological Control. 51(1): 66-71.
574. Rostami, M., e Rostami, S. 2019. Efeito do ácido salicílico e da simbiose micorrízica na melhoria da fitorremediação de fluoranteno usando festuca alta (*Festuca arundinaceae* Schreb). Chemosphere. 232: 70-75.
575. Rostamikia, Y., Tabari Kouchaksaraei, M., Asgharzadeh, A., e Rahmani, A. 2017. Alocação de biomassa, troca de gás foliar e absorção de nutrientes de mudas de avelã em resposta à inoculação de *Trichoderma harzianum* e *Glomus intraradices*. Journal of Forest Science. 63(5): 219-226.
576. Ruano-Rosa, D., Arjona-Girona, I., e Lopez-Herrera, C. J. 2018. Controle integrado da podridão branca da raiz do abacate combinando baixas concentrações de fluazinam e *Trichoderma* spp. Proteção de culturas. 112: 363-370.
577. Rumbos, C., Reimann, S., Kiewnick, S., e Sikora, R. A. 2006. Interações da estirpe 251 de *Paecilomyces lilacinus* com o fungo micorrízico *Glomus intraradices*: implicações para o controlo de *Meloidogyne incognita* no tomateiro. Biocontrol Science and Technology. 16(9): 981-986.
578. Ryu, C. M., Farag, M. A., Hu, C. H., Reddy, M. S., Wei, H. X., Pare, P. W., e Kloepper, J. W. 2003. Os voláteis bacterianos promovem o crescimento em *Arabidopsis*. Proc Natl Acad Sci U.S.A. 100: 4927-4932.
579. Sabannavar, S. J., e Lakshman, H. C. 2011. Interações sinérgicas entre *Azotobacter*, *Pseudomonas* e fungos micorrízicos arbusculares em duas variedades de *Sesamum indicum* L. Communications in Soil Science and Plant Analysis. 42(17): 2122-2133.
580. Sabir, A., Naveed, M., Bashir, M. A., Hussain, A., Mustafa, A., Zahir, Z. A., Kamran, M., Ditta, A., Nunez-Delgado, A., Saeed, Q., e Qadeer, A. 2020. Impactos fitotóxicos mediados por cádmio em *Brassica napus*: Gerenciando o crescimento, distúrbios fisiológicos e oxidativos através do uso combinado de biochar e *Enterobacter* sp. MN17. Journal of Environmental Management. 265: 110522.
581. Sachdev, D., Nema, P., Dhakephalkar, P., Zinjarde, S., e Chopade, B. 2010. Avaliação da diversidade filogenética baseada no gene 16S rRNA e caraterísticas promissoras de promoção do crescimento vegetal da comunidade *Acinetobacter* da rizosfera do trigo. Microbiological Research 165: 627-638.
582. Sadak, SH. M., Abdelhamid, M. T., e Schmidhalter, U. 2014. Efeito da aplicação foliar de aminoácidos no rendimento das plantas e alguns parâmetros fisiológicos em plantas de feijão irrigadas com água do mar. Ata Biol Colomb. 20: 141-152.
583. Sadak, SH., M., Abdelhamid, M. T., e Schmidhalter, U. 2015. Efeito da aplicação foliar de aminoácidos no rendimento das plantas e parâmetros fisiológicos em plantas de feijão irrigadas com água do mar. Ata Biologica Colombiana. 20(1): 141-152.

584. Sadeghian, F., Hadian, J., Hadavi, M., Mohamadi, A., Ghorbanpour, M., e Ghafarzadegan, R. 2013. Efeitos da aplicação de ácido salicílico exógeno no crescimento, actividades metabólicas e composição do óleo essencial de *Satureja khuzistanica* Jamzad. Jornal de Plantas Medicinais. 12(47): 70-82.
585. Saeed, M. R., Kheir, A. M., e Al-Sayed, A. A. 2005. Efeito supressivo de alguns aminoácidos contra *Meloidogyne incognita* na soja. Journal of Agricultural Sciences. 30(2): 1097-1103.
586. Saeid, A., Prochownik, E., e Dobrowolska-Iwanek, J. 2018. Solubilização de fósforo por espécies de *Bacillus*. Moléculas. 23: 2897.
587. Safari, F., Akramian, M., Salehi-Arjmand, H., e Khadivi, A. 2019. Mecanismos fisiológicos e moleculares subjacentes à toxicidade do mercúrio mitigado pelo ácido salicílico na erva-cidreira (*Melissa officinalis* L.). Ecotoxicologia e Segurança Ambiental. 183: 109542.
588. Saidi, I., Yousfi, N., e Borgi, M. A. 2017. O ácido salicílico melhora a capacidade antioxidante contra o estresse oxidativo induzido por arsênico em mudas de girassol (*Helianthus annuus*). Jornal de Nutrição Vegetal. 40(16): 23262335.
589. Safronova, V. I., Stepanok, V. V., Engqvist, G. L., Alekseyev, Y. V., e Belimov, A. A. 2006. Bactérias associadas à raiz que contêm 1-aminociclopropano-1-carboxilato desaminase melhoram o crescimento e a absorção de nutrientes por genótipos de ervilha cultivados em solo suplementado com cádmio. Biol Fertil Soils. 42: 267-272.
590. Saha, M., Maurya, B. R., Meena, V. S., Bahadur, I., e Kumar, A. 2016. Identificação e caraterização de bactérias solubilizadoras de potássio (KSB) das planícies indo-gangéticas da Índia. Biocatal Agric Biotechnol. 7: 202-209.
591. Saharkhiz, M. J., e Goudarzi, T. 2014. A aplicação foliar de ácido salicílico altera o teor de óleo essencial e as composições químicas da hortelã-pimenta (*Mentha piperita* L.). Journal of Essential Oil Bearing Plants. 17(3): 435440.
592. Saidimoradi, D., Ghaderi, N., e Javadi, T. 2019. Mitigação do estresse por salinidade pela aplicação de ácido húmico no morango (*Fragaria* x *ananassa* Duch.). Scientia Horticulturae. 256: 108594.
593. Saikia, R., Srivastava, A. K., Singh, K., Arora, D. K., e Lee, M.-W. 2005. Effect of iron availability on induction systemic resistance to *Fusarium* wilt of chickpea by *Pseudomonas* spp. Mycobiology. 33(1): 3540.
594. Samaddar, S., Chatterjee, P., Choudhury, A. R., Ahmed, S., e Sa, T. 2019. Interações entre *Pseudomonas* spp. e seu papel na melhoria do crescimento da planta de pimenta vermelha sob estresse de salinidade. Pesquisa Microbiológica. 219: 66-73.
595. Samaniego-Gamez, B. Y., Garruna, R., Tun-Suarez, J. M., Kantun-Can, J., Reyes-Ramirez, A., e Cervantes-Diaz, L. 2016. *Bacillus* spp. inoculado melhora a eficiência do fotossistema II e aumenta a fotossíntese em plantas de pimenta. Revista Chilena de Pesquisa Agrícola. 76(4): 409-

416.
596. Samarzija, D., e Zamberlin, S. 2020. Bactérias psicrotróficas: *Pseudomonas* spp. Módulo de Referência em Ciência Alimentar. DOI: 10.1016/B978- 0-08-100596-5.23045-X
597. Sambyal, K., e Singh, R. V. 2021. Produção de ácido salicílico; um potente agente farmaceuticamente ativo e as suas perspectivas futuras. Revisões críticas em biotecnologia. DOI: 10.1080/07388551.2020.1869687
598. Sampath Kumar, N. S., Nazeer, R. A., e Jaiganesh, R. 2012. Purificação e identificação de péptidos antioxidantes a partir do hidrolisado proteico da pele de dois peixes marinhos, carapau (*Magalaspis cordyla*) e corvina (*Otolithes ruber*). Amino Acids. 42: 1641-1649.
599. Sanchez, A. D., Ousset, M. J., e Sosa, M. C. 2019. Controle biológico da podridão do colarinho de *Phytophthora* da pera usando cepas regionais *de Trichoderma* com múltiplos mecanismos. Controlo Biológico. 135: 124-134.
600. Sanchez-Chino, X. M., Martinez, C. J., Leon-Espinosa, E. B., Garduno-Siciliano, L., Alvarez-Gonzalez, I., Madrigal-Bujaidar, E., Vasquez-Garzon, V. R., Baltierrez-Hoyos, R., e Davila-Ortiz, G. 2019. Efeito protetor dos hidrolisados de proteína de grão de bico na carcinogênese do cólon associada a uma dieta hipercalórica. Jornal do Colégio Americano de Nutrição. 38(2): 162-170.
601. Sandani, H. B. P., Ranathunge, N. P., Lakshman, P. L. N., e Weerakoon, W. M. W. 2019. Potencial de biocontrole de cinco cepas *de Burkholderia* e *Pseudomonas* contra *Colletotrichum truncatum* infectando pimenta malagueta. Ciência e Tecnologia do Biocontrolo. 29(8): 727-745.
602. Sandhya, V., Ali, S. K. Z., Minakshi, G., Reddy, G., e Venkateswarlu, B. 2009. Alívio dos efeitos do stress da seca em plântulas de girassol pela estirpe de *Pseudomonas putida* produtora de exopolissacáridos GAP-P45. Biol Fertil Solos. 46: 17-26.
603. Sandhya, V., Ali, Sk. Z., Grover, M., Reddy, G., e Venkateswarlu, B. 2010. Efeito de *Pseudomonas* spp. promotoras do crescimento de plantas em solutos compatíveis, estado antioxidante e crescimento de plantas de milho sob stress de seca. Plant Growth Regul. 62: 21-30.
604. Sandilya, S. P., Bhuyan, P. M., Nageshappa, V., Gogoi, D. K., e Kardong, D. 2017. Impacto de *Pseudomonas aeruginosa* MAJ PIA-3 afetando o crescimento e a produção de fitonutrientes da mamona, uma planta hospedeira primária de *Samia ricini*. Jornal de Ciência do Solo e Nutrição de Plantas. 17(2): 499-515.
605. Sangwan, P., Kumar, V., Gulati, D., e Joshi, U. N. 2015. Efeitos interactivos do ácido salicílico nas enzimas do metabolismo do azoto em clusterbean (*Cyamopsis tetragonoloba* L.) sob toxicidade do crómio (VI). Biocatálise e Biotecnologia Agrícola. 4(3): 309-314.
606. Santos, A. F. D., Morais, O. M., Prado, R. D. M., Leal, A. J. F., e Silva, R. P. D. 2017. Relação da toxicidade em sementes de milho tratadas com zinco e ácido salicílico. Comunicações em Ciência do Solo e Análise de Plantas. 48(10): 1123-1131.

607. Sarkar, A., Ghosh, P. K., Pramanik, K., Mitra, S., Soren, T., Pandey, S., Mondal, M. H., e Maiti, T. K. 2018. Um *Enterobacter* sp. halotolerante que exibe atividade de ACC deaminase promove o crescimento de mudas de arroz sob estresse salino. Pesquisa em Microbiologia. 169(1): 20-32.
608. Sarrou, E., Chatzopoulou, P., Dimassi-Theriou, K., Therios, I., e Koularmani, A. 2015. Efeito da melatonina, do ácido salicílico e do ácido giberélico no óleo essencial das folhas e noutros metabolitos secundários de plântulas jovens de laranja amarga. Journal of Essential Oil Research. 27(6): 487-496.
609. Savazzini, F., Longa, C. M. O., e Pertot, I. 2009. Impacto do agente de biocontrolo *Trichoderma atroviride* SC1 nas comunidades microbianas do solo de uma vinha no norte de Itália. Soil Biology and Biochemistry. 41: 14571465.
610. Savory, E. A., Fuller, S. L., Weisberg, A. J., Thomas, W. J., Gordon, M. I., Stevens, D., Creason, A. L., Belcher, M. S., Serdani, M., Wiseman, M. S., Grunwald, N. J., Putnam, M. L., e Chang, J. H. 2017. Transições evolutivas entre *Rhodococcus* benéficos e fitopatogénicos desafiam a gestão de doenças. eLife. 6(e30925): 1-28.
611. Saxena, A. K., Kumar, M., Chakdar, H., Anuroopa, N., e Bagyaraj, D. J. 2019. Espécies *de Bacillus* no solo como um recurso natural para a saúde das plantas. Jornal de Microbiologia Aplicada. 128: 1583-1594.
612. Scagel, C. F. 2003. A pasteurização do solo e a inoculação com *Glomus intraradices* alteram a produção de flores e a composição dos bolbos de *Zephyranthes*
The Journal of Horticultural Science and Biotechnology. 78(6): 798812.
613. Scervino, J. M., Ponce, M. A., Erra-Bassells, R., Vierheilig, H., Ocampo, J. A., e Godeas, A. 2005. Colonização micorrízica arbuscular do tomateiro por espécies de *Gigaspora* e *Glomus* na presença de flavonóides radiculares. Journal of Plant Physiology. 162(6): 625-633.
614. Schaafsma, G. 2009. Segurança dos hidrolisados de proteínas, suas fracções e péptidos bioactivos na nutrição humana. Eur J Clin Nutr. 63: 1161-1168.
615. Schmit, R., Ferrareze, J. P., Sganzerla, W. G., Rosa, G. B., Xavier, L. O., Veeck, A. P. D. L., Ferreira, P. I., e Primieri, S. 2021. Aplicação de ácido salicílico no desenvolvimento inicial do feijão (*Phaseolus vulgaris* L.) sob condições de estresse hídrico: Parâmetros agronómicos e antioxidantes. Biocatálise e Biotecnologia Agrícola. 31: 101896.
616. ScHubert, M., Mourad, S., Fink, S., e Schwarze, F. W. M. R. 2009. Respostas ecofisiológicas do agente de biocontrolo *Trichoderma atroviride* (T-15603.1) a parâmetros ambientais combinados. Biological Control. 49(1): 84-90.
617. Seenivasan, N., David, P. M. M., Vivekanandan, P., e Samiyappan, R. 2012. Controlo biológico do nemátodo das galhas do arroz, *Meloidogyne graminicola*, através da mistura de estirpes *de Pseudmonas fluorescens*. Ciência e Tecnologia de Biocontrolo. 22(6): 611-632.

618. Seenivasan, N., e Senthilnathan, S. 2018. Efeito do ácido húmico em *Meloidogyne incognita* (Kofoid & White) chitwood infectando banana (*Musa* spp.). Jornal Internacional de Gestão de Pragas. 64(2): 110-118.
619. Selanon, O., Saetae, D., e Suntornsuk, W. 2014. Utilização do bolo de sementes de *Jatropha curcas* como estimulante do crescimento das plantas. Biocatálise e Biotecnologia Agrícola. 3(4): 114-120.
620. Selladurai, R., e Purakayastha, T. J. 2016. Efeito dos fertilizantes multinutrientes de ácido húmico no rendimento e na eficiência do uso de nutrientes da batata. Jornal de Nutrição Vegetal. 39(7): 949-956.
621. Selvaraj, A., Thangavel, K., e Uthandi, S. 2020. Os fungos micorrízicos arbusculares (*Glomus intraradices*) e a bactéria diazotrófica (*Rhizobium BMBS*) prepararam a defesa em blackgram contra a infestação de insetos herbívoros (*Spodoptera litura*). Microbiological Research. 231: 126355.
622. Semida, W. M., e Rady, M. M. 2014. A pré-embebição em 24-epibrassinolide ou ácido salicílico melhora a germinação de sementes, o crescimento de mudas e a capacidade antioxidante em *Phaseolus vulgaris* L. cultivada sob estresse de NaCl. The Journal of Horticultural Science and Biotechnology. 89(3): 338-344.
623. Semida, W. M., El-Mageed, T. A. A., Mohamed, S. E., e El-Sawah, N. 2017. Efeitos combinados de irrigação deficitária e ácido salicílico aplicado foliarmente nas respostas fisiológicas, rendimento e eficiência do uso da água de plantas de cebola em solo calcário salino. Arquivos de Agronomia e Ciência do Solo. 63(9): 1217-1239.
624. Sendhilvel, V., Marimuthu, T., e Samiappan, R. 2007. Formulação à base de talco de genes de defesa *induzidos por Pseudomonas fluorescens* contra o oídio da videira. Archives of Phytopathology and Plant Protection. 40(2): 81-89.
625. Serfoji, P., Rajeshkumar, S., e Selvaraj, T. 2010. Gestão do nemátodo das galhas, *Meloidogyne incognita*, no tomate cv Pusa Ruby. utilizando vermicomposto, fungo AM, *Glomus aggregatum* e bactéria auxiliar de micorriza, *Bacillus coagulans*. J Agric Technol. 6: 37-45.
626. Shabbir, I., Abd Samad, M. Y., Othman, R., Wong, M.-Y., Sulaiman, Z., Jaafar, N. Md., e Bukhari, S. A. H. 2021. Avaliação da bioformulação de *Enterobacter* sp. UPMSSB7 e micorrizas com silício para supressão da doença da podridão radicular branca e promoção do crescimento de mudas de borracha inoculadas com *Rigidoporus microporus*. Biological Control. 152: 104467.
627. Shaharoona, B., Arshad, M., Zahir, Z. A., e Khalid, A. 2006. Desempenho de *Pseudomonas* spp. contendo ACC-deaminase para melhorar o crescimento e o rendimento do milho (*Zea mays* L.) na presença de fertilizante azotado. Biologia e Bioquímica do Solo. 38(9): 2971-2975.
628. Shajari, M. A., Moghaddam, P. R., Ghorbani, R., e Koocheki, A. 2018. Aumentar o tamanho do cormo do açafrão (*Crocus sativus* L.) através da inoculação micorrízica, aplicação de ácido húmico e manejos de irrigação.

Jornal de Nutrição Vegetal. 41(8): 1047-1064.
629. Shakeel, M., Rais, A., Hassan, M. N., e Hafeez, F. Y. 2015. *Bacillus* sp. associado à raiz melhora o crescimento, o rendimento e a translocação de zinco para variedades de arroz basmati (*Oryza sativa*). Front Microbiol. 6: 1286.
630. Shaki, F., Maboub, H. E., e Niknam, V. 2017. Papel central do ácido salicílico na resistência do cártamo (*Carthamus tinctorius* L.) contra a salinidade. Jornal de Interações Vegetais. 12(1): 414-420.
631. Shaki, F., Maboud, H. E., e Niknam, V. 2018. Aumento do crescimento e tolerância ao sal do cártamo (*Carthamus tinctorius* L.) pelo ácido salicílico. Biologia Vegetal Atual. 13: 16-22.
632. Sharma, S. B., Sayyed, R. Z., Trivedi, M. H., e Gobi, T. A. 2013. Micróbios solubilizadores de fosfato: abordagem sustentável para gerir a deficiência de fósforo em solos agrícolas. Sprigerplus. 2: 587.
633. Sharma, A., Shahzad, B., Rehman, A., Bhardwaj, R., Landi, M., e Zheng, B. 2019. Resposta da via fenilpropanóide e o papel dos polifenóis nas plantas sob estresse abiótico. Moléculas. 24(2452): 1-22.
634. Shasmita, Mohapatra, D., Mohapatra, P. K., Naik, S. K., e Mukherjee, A. K. 2019. A preparação com ácido salicílico induz a defesa contra a doença da ferrugem bacteriana, modulando o fotossistema II da planta de arroz e a atividade das enzimas antioxidantes. Patologia Vegetal Fisiológica e Molecular. 108: 101427.
635. Shen, J., Guo, M.-J., Wang, Y.-G., Yuan, X.-Y., Wen, Y.-Y., Song, X.- E., Dong, S.-Q., e Guo, P.-Y. 2020. O ácido húmico melhora as caraterísticas fisiológicas e fotossintéticas das mudas de milheto sob estresse hídrico. Sinalização e comportamento da planta. 15(8): 1774212.
636. Shetty, K., Curtis, O. F., Levin, R. E., Witkowsky, R., e Ang, W. 1995. Prevention of vitrification associated with in vitro shoot culture of oregano (*Origanum vulgare*) by *Pseudomonas* spp. Journal of Plant Physiology. 147(3-4): 447-451.
637. Shetty, K., Carpenter, T. L., Curtis, O. F., e Potter, T. 1996. Redução da hiper-hidricidade de culturas de tecidos de orégãos (*Origanum vulgare*) por polissacárido extracelular isolado de *Pseudomonas* spp. Plant Science. 120(2): 175-183.
638. Shi, K., Dai, X., Fan, X., Zhang, Y., Chen, Z., e Wang, G. 2020. Remoção simultânea de cromato e arsenito pela bactéria *Enterobacter* imobilizada em combinação com reagentes químicos. Chemosphere. 259: 127428.
639. Shim, J., Babu, A. G., Velmurugan, P., Shea, P. K., e Oh, B.-T. 2014. *Pseudomonas fluorescens* JH 70-4 promove a estabilização de Pb e o crescimento precoce de mudas de grama do Sudão em solo contaminado de mineração. Tecnologia Ambiental. 35(20): 2589-2596.
640. Shin, H., Min, K., e Arora, R. 2018. O ácido salicílico exógeno melhora a tolerância ao congelamento das folhas de espinafre (*Spinacia oleracea* L.). Criobiologia. 81: 192-200.

641. Shooshtari, F. Z., Souri, M. K., Hasandokht, M. R., e Kalateh Jari, S. 2020. A glicina atenua as necessidades de fertilizantes das culturas agrícolas: estudo de caso com pepino como uma cultura altamente exigente em fertilizantes. Tecnologias químicas e biológicas na agricultura. 7(19): 1-10.
642. Shuai, W., Wu, H., Qiao, J., Ma, L., Liu, J., Xia, Y., e Gao, X. 2009. Mecanismo molecular de promoção do crescimento das plantas e resistência sistémica induzida ao vírus do mosaico do tabaco por *Bacillus* spp. Journal of Microbiology and Biotechnology. 19(10): 1250-1258.
643. Siani, N. G., Fallah, S., Pokhrel, L. R., e Rostamnejadi, A. 2017. Melhoria natural da toxicidade das nanopartículas de óxido de zinco no feno-grego (*Trigonella foenum-gracum*) por micorrizas arbusculares (*Glomus intraradices*) secreção de glomalina. Fisiologia e Bioquímica de Plantas. 112: 227-238.
644. Siddiqui, Z. A., Qureshi, A., e Akhtar, M. S. 2009. Biocontrolo do nemátodo das galhas *Meloidogyne incognita* por isolados *de Pseudomonas* e *Bacillus* em *Pisum sativum*. Archives of Phytopathology and Plant Protection. 42(12): 1154-1164.
645. Sigida, E. N., Kargapolova, K. Y., Shashkov, A. S., Zdorovenko, E. L., Ponmaryova, T. S., Meshcheryakova, A. A., Tkachenko, O. V., Burygin, G. L., e Knirel, Y. A. 2020. Estrutura, cluster de genes do antígeno O e atividade biológica do lipopolissacarídeo da bactéria rizosférica *Ochrobactrum cytisi* IPA7.2. International Journal of Biological Macromolecules. 154: 1375-1381.
646. Sihag, S., Brar, B., e Joshi, U. N. 2019. O ácido salicílico induz a melhoria da toxicidade do crómio e afecta a atividade das enzimas antioxidantes em *Sorghum bicolor* L. International Journal of Phytoremediation. 21(4): 293304.
647. Singh, P., e Siddiqui, Z. A. 2010. Biocontrolo do nemátodo das galhas *Meloidogyne incognita* pelos isolados de *Pseudomonas* no tomate. Arquivos de Fitopatologia e Proteção das Plantas. 43(14): 1423-1434.
648. Singh, P. K., e Chaturvedi, V. K. 2012. Efeitos do ácido salicílico no crescimento das plântulas e na eficiência da utilização do azoto no pepino (*Cucumis sativus* L.). Plant Biosystems- An International Journal of Dealing with all Aspects of Plant Biology. 146(2): 302-308.
649. Singh, D., Rajawat, M. V. S., Kaushik, R., Prasanna, R., e Saxena, A. K. 2017. Papel benéfico dos endófitos na biofortificação de Zn em genótipos de trigo que variam na eficiência do uso de nutrientes cultivados em solos suficientes e deficientes em Zn. Solo vegetal. 416: 107-116.
650. Singh, H., Singh, N. B., Singh, A., e Hussain, I. 2017. Aplicação exógena de ácido salicílico para aliviar o stress do glifosato em *Solanum lycopersicum*. Jornal Internacional de Ciência Vegetal. 23(6): 552-566.
651. Singh, A. P., Dixit, G., Kumar, A., Mishra, S., Kumar, N., Dixit, S., Singh, P. K., Dwivdi, S., Trivedi, P. K., Pandey, V., Dhankher, O. P., Norton, G. J., Chakrabraty, D., e Tripathi, R. D. 2017. Um papel protetor do óxido nítrico e do ácido salicílico para a fitotoxicidade do arsenito no arroz (*Oryza*

sativa L.). Fisiologia e Bioquímica de Plantas. 115: 163-173.
652. Singh, S. P., Pandey, S., Mishra, N., Giri, V. P., Mahfooz, S., Bhattacharya, A., Kumari, M., Chauhan, P., Verma, P., Nautiyal, C. S., e Mishra, A. 2019. A suplementação de *Trichoderma* melhora a alteração da alocação de nutrientes e a expressão de genes transportadores no arroz sob deficiências nutricionais. Fisiologia e Bioquímica Vegetal. 143: 351-363.
653. Sinha, P., Shukla, A. K., e Sharma, Y. K. 2015. Melhoria da toxicidade de metais pesados na couve-flor pela aplicação de ácido salicílico. Comunicações em Ciência do Solo e Análise de Plantas. 46(10): 1309-1319.
654. Sipahutar, M. K., e Vangnai, A. S. 2017. Papel do *Ochrobactrum* sp. MC22, promotor do crescimento das plantas, na degradação do triclocarban e na mitigação da toxicidade para as plantas leguminosas. Journal of Hazardous Materials. 329: 38-48.
655. Sood, M., Kapoor, D., Kumar, V., Sheteiwy, M. S., Ramakrishnan, M., Landi, M., Araniti, F., e Sharma, A. 2020. *Trichoderma*: Os "segredos" de um agente de biocontrolo multitalentoso. Plants. 9(762): 1-25.
656. Sonmez, F., e Gulser, F. 2016. Efeitos do ácido húmico e do $Ca(NO_3)_2$ nos teores de nutrientes em plântulas de pimenta (*Capsicum annuum*) sob stress salino. Ata Agriculturae Scandinavica, Secção B- Ciência do Solo e das Plantas. 66(7): 613-618.
657. Soppelsa, S., Kelderer, M., Casera, C., Bassi, M., Robatscher, P., e Andreotti, C. 2018. Uso de bioestimulantes para a produção orgânica de maçãs: efeitos no crescimento das árvores, rendimento e qualidade dos frutos na colheita e durante o armazenamento. Fronteiras na ciência das plantas. 9: 1342.
658. Souana, K., Taibi, K., Abderrahim, L. A., Amirat, M., Achir, M., Boussaid, M., e Mulet, J. M. 2020. A tolerância ao sal em *Vicia faba* L. é atenuada pela capacidade do ácido salicílico de melhorar a fotossíntese e a resposta antioxidante. Scientia Horticulturae. 273: 109641.
659. Souri, M. K., e Hatamian, M. 2019. Aminochelates na nutrição de plantas: uma revisão. J Plant Nutr. 42(1): 67-78.
660. Spaepen, S., Vanderleyden, J., e Remans, R. 2007. Indole-3-acetic acid in microbial and microorganism-plant signaling. FEMS Microbiol Rev. 31: 425-448.
661. Spormann, S., Soares, C., e Fidalgo, F. 2019. O ácido salicílico alivia o estresse oxidativo induzido pelo glifosato em *Hordeum vulgare* L. Journal of Environmental Management. 241: 226-234.
662. Stassinos, P. M., Rossi, M., Borromeo, I., Capo, C., Beninati, S., e Forni, C. 2021. Melhoria da tolerância ao estresse salino em cultivares de colza (*Brassica napus*) por inoculação de sementes com *Arthrobacter globiformis*. Plant Biosystems- An International Journal of Dealing with all Aspects of Plant Biology. DOI: 10.1080/11263504.2020.1857872
663. Stefan, M., Munteanu, N., e Mihasan, M. 2013. A aplicação de rizobactérias promotoras do crescimento de plantas ao feijão-guandu aumenta o rendimento de carboidratos e proteínas das sementes. Analele Stiintifice ale

Universitatii "Al. I. Cuza" Din lasi. (SerieNoua). Sectiunea 2. a. Geneticasi Biologie Moleculara. 14: 29-36.
664. Subhashini, D. V., e Padmaja, K. 2011. Potencial de *Pseudomonas* solubilizadoras de fosfato como biofungicida. Archives of Phytopathology and Plant Protection. 44(11): 1041-1045.
665. Subramanian, K. S., Tenshia, V., Jayalakshmi, K., e Ramachandran, V. 2009. Alterações bioquímicas e fracções de zinco em solos inoculados e não inoculados com fungos micorrízicos arbusculares (*Glomus intraradices*) sob fertilização diferencial com zinco. Applied Soil Ecology. 43(1): 32-39.
666. Sudova, R., Pavlikova, D., Macek, T., e Vosatka, M. 2007. O efeito do quelato EDDS e da inoculação com o fungo micorrízico arbuscular *Glomus intraradices* na eficácia da fitoextracção de chumbo por dois clones de tabaco. Applied Soil Ecology. 35(1): 163-173.
667. Suman, S., Spehia, R. S., e Sharma, V. 2017. O ácido húmico melhorou a eficiência da fertirrigação e a produtividade do tomate. Jornal de Nutrição Vegetal. 40(3): 439-446.
668. Sumayo, M., Hahm, M.-S., e Ghim, S.-Y. 2013. Determinantes do *Ochrobactrum lupini* KUDC1013 promotor de crescimento vegetal envolvidos na indução de resistência sistémica contra *Pectobacterium carotovorum* subsp. *carotovorum* em folhas de tabaco. The Plant Pathology Journal. 29(2): 174181.
669. Sun, S, Bi, X., Yang, B., Zhang, W., Zhang, X., Sun, S., Xiao, J., Yang, Y., e Huang, Z. 2021. Remoção de nitrito por *Acinetobacter* sp. TX: um candidato para conter a emissão de N2O. Tecnologia Ambiental. DOI: 10.1080/09593330.2021.1874543
670. Surette, M. A., Sturz, A. V., Lada, R. R., e Nowak, J. 2003. Endófitos bacterianos em cenouras de processamento (*Daucus carota* L. var. *sativus*): sua localização, densidade populacional, biodiversidade e seus efeitos no crescimento da planta. Plant Soil. 253: 381-390.
671. Suri, V. K., e Choudhary, A. K. 2013. As interações de bactérias solubilizadoras de glicina-Glomus-Fosfato levam à economia de fósforo de fertilizantes na soja em um alfisol ácido do Himalaia. Comunicações em Ciência do Solo e Análise de Plantas. 44(20): 3020-3029.
672. Suzuki, W., Sugawara, M., Miwa, K., e Morikawa, M. 2014. A bactéria promotora de crescimento vegetal *Acinetobacter calcoaceticus* P23 aumenta o teor de clorofila da monocotiledônea *Lemna minor* (lentilha d'água) e da dicotiledônea *Lactuca sativa* (alface). Journal of Bioscience and Bioengineering. 118(1): 41-44.
673. Szczech, M., Nawrocka, J., Felczynski, K., Malolepsza, U., Sobolewski, J., Kowalska, V., Maciorowski, R., Jas, J., e Kancelista, A. 2017. O isolado TRS25 de *Trichoderma atroviride* reduz o míldio e induz respostas sistémicas de defesa no pepino em condições de campo. Scientia Horticulturae. 224: 17-26.
674. Szilagyi-Zecchin, V. J., Ikeda, A. C., Hungria, M., Adamoski, D., Kava-Cordeiro, V. K., Glienke, C., e Galli-Terasawa, L. V. 2014.

Identificação e caraterização de bactérias endofíticas de raízes de milho (*Zea mays* L.) com potencial biotecnológico na agricultura. AMB Express. 4: 1-9.
675. Szpakowska, N., Kowalczyk, A., Jafra, S., e Kaczynski, Z. 2020. A estrutura química dos polissacarídeos isolados do *Ochrobactrum rhizosphaerae* PR17^T. Carbohydrate Research. 497: 108136.
676. Tadayyon, A., Beheshti, S., e Pessarakli, M. 2017. Efeitos do ácido húmico pulverizado, ferro e zinco nas caraterísticas quantitativas e qualitativas da planta niger (*Guizotia abyssinica* L.). Jornal de Nutrição Vegetal. 40(11): 1644-1650.
677. Taghavi, S., Van der Lelie, D., Hoffman, D. A., Zhang, Y. B., Walla, M. D., Vangronsveld, L. J., e Newman, S. Monchy, sequência do genoma da bactéria endofítica *Enterobacter* sp. promotora do crescimento das plantas PLOS Genet. 638(6): e1000943.
678. Tahir, M. M., Khurshid, M., Khan, M. Z., Abbasi, M. K., e Kazmi, M. H. 2011. Efeito do ácido húmico derivado de lignite no crescimento de plantas de trigo em diferentes solos. Pedosphere. 21(1): 124-131.
679. Tahir, H. A., Gu, Q., Wu, H., Raza, W., Hanif, A., Wu, L., Colman, M. V., e Gao, X. 2017. Promoção do crescimento vegetal por compostos orgânicos voláteis produzidos por *Bacillus subtilis* SYST2. Fronteiras em Microbiologia. 8: 171.
680. Tahmatsidou, V., Sullivan, J., Cassells, A. C., Voyiatzis, D., e Paroussi, G. 2006. Comparação de inoculantes AMF e PGPR para a supressão da murcha de *Verticillium* do morango (*Fragaria * ananassa cv* Selva). Appl Soil Ecol. 32: 316-324.
681. Tajik, S., Zarinkamar, F., Soltani, B. M., e Nazari, M. 2019. Indução de compostos fenólicos e flavonóides em folhas de açafrão (*Crocus sativus* L.) por ácido salicílico. Scientia Horticulturae. 257: 108751.
682. Tajini, F., Trabelsi, M., e Drevon, J.-J. 2012. A inoculação combinada com *Glomus intraradices* e *Rhizobium tropici* CIAT899 aumenta a eficiência da utilização de fósforo para a fixação simbiótica de azoto no feijão comum (*Phaseolus vulgaris* L.). Saudi Journal of Biological Sciences. 19: 157-163.
683. Talukder, Md. R., Asaduzzaman, Md., Tanaka, H., e Asao, T. 2018. Os díodos emissores de luz e a aplicação de aminoácidos exógenos melhoram o crescimento e o rendimento das plantas de morango cultivadas em hidroponia reciclada. Scientia Horticulturae. 239: 93-103.
684. Tao, Y., Shi, H., Jiao, Y., Han, S., Akindolie, M. S., Yang, Y., Chen, Z., e Zhang, Y. 2020. Efeitos do ácido húmico na biodegradação do ftalato de di-n-butilo em molissolo. Journal of Cleaner Production. 249: 119404.
685. Tavares, O. C. H., Santos, L. A., Araujo, O. J. L. D., Bucher, C. P. C., Garcia, A. C., Arruda, L. N., Souza, S. R. D., e Fernandes, M. S.2019. Ácido húmico como alternativa biotecnológica para aumentar a captação de N-NO_3^- ou N-NH_4^+ em plantas de arroz. Biocatálise e Biotecnologia Agrícola. 20: 101226.
686. Tavares, O. C. H., Santos, L. A., Filho, D. F., Ferreira, L. M., Garcia, A. C., Castro, T. A. V. T., Zonta, E., Percira, M. G., e Fernandes, M. S. 2020.

Modelagem de superfície de resposta da estimulação com ácido húmico do sistema radicular do arroz (*Oryza sativa* L.). Arquivos de Agronomia e Ciência do Solo. DOI: 10.1080/03650340.2020.1775199

687. Thilagar, G., Bagyaraj, D. J., e Rao, M. S. 2016. Consórcios microbianos selecionados desenvolvidos para o frio reduzem a aplicação de fertilizantes químicos em 50% em condições de campo. Sci Hort. 198: 27-35.

688. Tian, L., Shi, S., Ma, L., Zhou, X., Luo, S., Zhang, J., Lu, B., e Tian, C. 2019. O efeito de *Glomus intraradices* nas propriedades fisiológicas do *Panax ginseng* e na diversidade microbiana rizosférica. Journal of Ginseng Research. 43: 77-85.

689. Tiyagi, S. A., Mahmood, I., Khan, Z., e Ahmad, H. 2011. Controlo biológico de nemátodos patogénicos do solo que infectam o feijão-mungo utilizando *Pseudomonas fluorescens*. Archives of Phytopathology and Plant Protection. 44(18): 1770-1778.

690. Tripathi, A. K., Verma, S. C., Chowdhury, S. P., Lebuhn, M., Gattinger, A., e Schloter, M. 2006. *Ochrobactrum oryzae* sp. nov., e espécies bacterianas endofíticas isoladas de arroz de águas profundas na Índia. Int J Syst Evol Microbiol. 56: 1677-1680.

691. Trivedi, P., Pandey, A., e Sa, T. 2007. Actividades de redução de cromatos e de promoção do crescimento de plantas de *Rhodococcus erythropolis* MtCC 7905 psicrotrófico. Journal of Basic Microbiology. 47(6): 513-517.

692. Trujillo, M. E., Willems, A., abril, A., Planchuelo, A. M., Rivas, R., Ludena, D., Mateos, P. F., Martinez-Molina, R., e Velazquez, E. 2005. Nodulação de *Lupinus albus* por estirpes de *Ochrobactrum lupine* sp. nov. Appl Environ Microbiol. 71: 1318-1327.

693. Tsouvaltzis, P., Koukounaras, A., e Siomos, S. A. 2014. A aplicação de aminoácidos melhora a uniformidade da cultura da alface e inibe a acumulação de nitratos induzida pela fertilização suplementar com azoto inorgânico. Int J Agric Biol. 16: 951-955.

694. Turkmen, O., Dursun, A., Turan, M., e Erdinc, C. 2004. O cálcio e o ácido húmico afectam a germinação das sementes, o crescimento e o teor de nutrientes das plântulas de tomate (*Lycopersicon esculentum* L.) em condições de solo salino. Ata Agriculturae Scandinavica, Secção B - Ciência do Solo e das Plantas. 54(3): 168-174.

695. Ullah, A., Farooq, M., e Hussain, M. 2020. Melhorar a produtividade, a rentabilidade e a qualidade dos grãos do grão-de-bico *Kabuli* com a co-aplicação de zinco e bactérias endófitas *Enterobacter* sp. MN17. Arquivos de Agronomia e Ciência do Solo. 66(7): 897-912.

696. Usuki, F., e Narisawa, K. 2007. Uma simbiose mutualista entre um fungo endofítico de septos escuros, *Heteroconium chaetospira*, e uma planta não micorrízica, a couve chinesa. Mycologia. 99(2): 175-184.

697. Vaid, S. K., Kumar, B., Sharma, A., Shukla, A. K., e Srivastava, P. C. 2014. Efeito das bactérias solubilizadoras de zinco na promoção do crescimento e na nutrição de zinco do arroz. Jornal de Ciência e Nutrição de

Plantas. 14(4): 889-910.
698. Vaingankar, J. D., e Rodrigues, B. F. 2015. Efeito da inoculação micorrízica arbuscular (AM) no crescimento e floração em *Crossandra infundibuliformis* (L.) Nees. Journal of Plant Nutrition. 38(10): 1478-1488.
699. Valdrighi, M. M., Pera, A., Agnolucci, M., Frassinetti, S., Lunardi, D., e Vallini, G. 1996. Efeitos dos ácidos húmicos derivados do composto na produção de biomassa vegetal e no crescimento microbiano num sistema planta (*Cichorium intybus*)-solo: um estudo comparativo. Agricultura, Ecossistema e Ambiente. 58(2-3): 133-144.
700. Vardharajula, S., Zulfikar, S. A., Grover, M., Reddy, G., e Bandi, V. 2011. *Bacillus* spp., tolerante à seca e promotor do crescimento das plantas: efeito no crescimento, nos osmólitos e no estado antioxidante do milho sob stress hídrico. Journal of Plant Interactions. 6(1): 1-14.
701. Vega, F. E., Pava-Ripoll, M., Posada, F., e Buyer, J. S. 2005. Bactérias endofíticas em *Coffea arabica* L. J Basic Microbiol. 45: 371-380.
702. Vereecke, D., Zhang, Y., Francis, I. M., Lambert, P. Q., Venneman, J., Stamler, R. A., Kilcrease e Randall, J. J. 2020. Insights genômicos funcionais sobre a patogenicidade, a aptidão do habitat e os mecanismos que modificam o desenvolvimento da planta de *Rhodococcus* sp. PBTS1 e PBTS2. Frontiers in Microbiology. 11(14): 1-23.
703. Verma, P., Yadav, A. N., Khannam, K. S., Panjiar, N., Kumar, S., Saxena, A. K., e Suman, A. 2015. Avaliação da diversidade genética e atributos de promoção do crescimento vegetal de bactérias psicrotolerantes aliadas ao trigo (*Triticum aestivum*) da zona das colinas do norte da Índia. Ann Microbiol. 65: 1885-1899.
704. Villagrasa, E., Ballesteros, B., Obiol, A., Millach, L., Esteve, I., e Sole, A. 2020. Análise multiabordagem para avaliar a imobilização de crómio (III) por *Ochrobactrum anthropi* DE2010. Chemosphere. 238: 124663.
705. Visen, A., Bohra, M., Singh, P. N., Srivastava, P. C., Kumar, S., Sharma, A. K., e Chakraborty, B. 2017. Duas cepas de pseudomonas facilitam a micorrização de AMF de litchi (*Litchi chinensis* Sonn.) e melhoram a absorção de fósforo. Rhizosphere. 3(1): 196-202.
706. Viswanathan, R., e Samiyappan, R. 2008. A bio-formulação de *Pseudomonas* spp. fluorescentes induz resistência sistémica contra a podridão vermelha e aumenta o rendimento comercial de açúcar na cana-de-açúcar. Archives of Phytopathology and Plant Protection. 41(5): 377-388.
707. Vivas, A., Marulanda, A., Ruiz-Lozano, J. M., Barea, J. M., e Azcon, R. 2003. Influência de um *Bacillus* sp. nas actividades fisiológicas de dois fungos micorrízicos arbusculares e nas respostas das plantas ao stress hídrico induzido por PEG. Mycorrhiza. 13: 249-256.
708. Volpiano, C. G., Sant anna, F. H., Ambrosini, A., Lisboas, B. B., Vargas, L. K., e Passaglia, L. M. P. 2019. Reclassificação de *Ochrobactrum lupini* como um sinônimo heterotípico posterior de *Ochrobactrum anthropi* com base na análise da sequência do genoma completo. Int J Syst Evol

Microbiol. 69: 2312-2314.
709. Vullo, D. L., Coto, C. E., e Sineriz, F. 1991. Caraterísticas de uma inulase produzida por *Bacillus subtilis* 430A, uma estirpe isolada da rizosfera de *Vernonia herbacea* (Vell Rusby). Appl Environ Microbiol. 57: 2392-2394.
710. Wael, M. S., Mostafa, M. R., El-Mageed Taia, A., Saad, M. H., e Magdi, T. A. 2015. Alívio da toxicidade do cádmio em plantas de feijão comum (*Phaseolus vulgaris* L.) pela aplicação exógena de ácido salicílico. The Journal of Horticultural Science and Biotechnology. 90(1): 83-91.
711. Wamberg, C., Christensen, S., Jakobsen, I., Muller, A. K., e Sorensen, S. J. 2003. O fungo micorrízico (*Glomus intraradices*) afecta a atividade microbiana na rizosfera de plantas de ervilha (*Pisum sativum*). Biologia e Bioquímica do Solo. 35(10): 1349-1357.
712. Wang, X. S. 2013. Remoção de Cd (II) por *Arthrobacter protophormiae* biomss marinho: caraterização do mecanismo e desempenho de adsorção. Dessalinização e Tratamento de Água. 51(40-42): 7710-7720.
713. Wang, M., Ma, J., Fan, L., Fu, K., Yu, C., Gao, J., Li, Y., e Chen, J. 2015. Controle biológico da praga da folha de milho do sul por *Trichoderma atroviride* SG3403. Ciência e Tecnologia de Biocontrolo. 25(10): 1133-1146.
714. Wang, C., e Zhang, Q. 2017. O ácido salicílico exógeno alivia a toxicidade do clorpirifos em plantas de trigo (*Triticum aestivum*). Ecotoxicologia e Segurança Ambiental. 137: 218-224.
715. Wang, Y., Yang, R., Zheng, J., Shen, Z., e Xu, X. 2019. A aplicação foliar exógena de ácido fúlvico alivia a toxicidade do cádmio na alface (*Lactuca sativa* L.). Ecotoxicologia e Segurança Ambiental. 167: 10-19.
716. Wang, M., Ding, Y., Wang, Q., Wang, P., Han, Y., Gu, Z., e Yang, R. 2020. Tratamento com NaCl no metabolismo físico-bioquímico e na acumulação de fenólicos em plântulas de cevada. Food Chemistry. 331: 127282.
717. Wang, X., Lyu, T., Dong, R., Liu, H., e Wu, S. 2021. Evolução dinâmica dos ácidos húmicos durante a digestão anaeróbia: Explorando um agente auxiliar eficaz para a remediação de metais pesados. Bioresource Technology. 320(Parte A): 124331.
718. Wang, F., Tan, H., Zhang, Y., Huang, L., Bao, H., Ding, Y., Chen, Z.-X., e Zhu, C. 2021. A aplicação de ácido salicílico alivia o acúmulo de cádmio no arroz integral, modulando sua translocação de brotos para grãos no arroz. Chemosphere. 263: 128034.
719. Wang, F., Tan, H., Huang, L., Cai, C., Ding, Y., Bao, H., Chen, Z., e Zhu, C. 2021. A aplicação de ácido salicílico exógeno reduz a toxicidade do Cd e a acumulação de Cd no arroz. Ecotoxicologia e Segurança Ambiental. 207: 111198.
720. Waranusantigul, P., Lee, H., Kruatrachue, M., Pokethitiyook, P., e Auesukaree, C. 2011. Isolamento e caraterização de *Ochrobactrum intermedium* tolerante ao chumbo e seu papel no aumento da acumulação de chumbo por *Eucalyptus camaldulensis*. Chemosphere. 85(4): 584-590.

721. Warhurst, A. M., e Dewson, C. A. 1994. Biotransformações catalisadas pelo género *Rhodococcus*. Critical Reviews in Biotechnology. 14(1): 29-73.
722. Wassie, M., Zhang, Q., Zhang, Q., Ji, K., Cao, L., e Chen, L. 2020. O salicílico exógeno melhora os danos induzidos pelo stress térmico e melhora o crescimento e a eficiência fotossintética na alfafa (*Medicago sativa* L.). Ecotoxicologia e Segurança Ambiental. 191: 110206.
723. Wasswa, J., Tang, J., Gu, X. H., e Yuan, X. Q. 2007. Influência da extensão da hidrólise enzimática nas propriedades funcionais do hidrolisado proteico da pele da carpa herbívora (*Ctenopharyngodon idella*). Food Chem. 104: 1698-1704.
724. Wei, T., Jia, H.-L., Hua, L., Xu, H.-H., Zhou, R., Zhao, J., Ren, X.-H., e Guo, J.-K. 2018. Efeitos do ácido salicílico, Fe (II) e bactérias promotoras do crescimento de plantas na acumulação de Cd e no alívio da toxicidade de genótipos de tomate tolerantes e sensíveis a Cd. Jornal de Gestão Ambiental. 214: 164-171.
725. Wei, H., Wu, M., Fan, A., e Su, H. 2020. Produção de proteínas recombinantes no fungo filamentoso *Trichoderma*. Jornal Chinês de Engenharia Química. DOI: 10.1016/j.cjche.2020.11.006
726. Weisany, W. 2018. *Glomus intraradices* (N.C. Schenck & G.S. Sm.) C. Walker & A. Schuessle aumenta a absorção de nutrientes, clorofila e conteúdo e composição de óleo essencial em *Anethum graveolens* L. Ata Agriculturae Slovenica. 111(2): 303-313.
727. Win, K. T., Tanaka, F., Okazaki, K., e Ohwaki, Y. 2018. O endofítico que expressa a ACC deaminase *Pseudomonas* spp. aumenta a tolerância ao estresse de NaCl, reduzindo a produção de etileno relacionada ao estresse, resultando em melhor crescimento, desempenho fotossintético e equilíbrio iônico em plantas de tomate. Plant Physiology and Biochemistry. 127: 599-607.
728. Woo, O. G., Kim, H., Kim, J. S., Keum, H. L., Lee, K. C., Sul, W. J., e Lee, J. H. 2020. A cepa GOT9 de *Bacillus subtilis* confere maior tolerância aos estresses de seca e sal em *Arabidopsis thaliana* e *Brassica campestris*. Plant Physiol Biochem. 148: 359-367.
729. Wu, M., Li, X., Zhang, H., Cai, Y., e Zhang, C. 2010. Efeitos do metamidofos na estrutura da comunidade, antagonismo em relação a *Rhizoctonia solani* e diversidade *phlD* de *Pseudomonas* do solo. Journal of Environmental Science and Health, Parte B. 45(3): 222-228.
730. Wu, H.-G., Liu, W.-S., Zhu, M., e Li, X.-X. 2018. Pesquisa e análise de 74 casos de infeção da corrente sanguínea de *Acinetobacter baumannii* e resistência a medicamentos. European Review for Medical and Pharmacological Sciences. 22: 1782-1786.
731. Wu, J., Ming, Q., Zhai, X., Wang, S., Zhang, Q., Xu, Y., Shi, S., Wang, S., Zhang, Q., Han, T. e Qin, L. 2019. Estrutura de um polissacarídeo de *Trichoderma atroviride* e sua promoção na produção de tanshinones em raízes peludas *de Salvia miltiorrhiza*. Carbohydrate Polymers. 223: 115125.
732. Wuczkowski, M., Druzhinina, I., Gherbawy, Y., Klug, B., Prillinger,

H., e Kubicek, C. P. 2003. Species pattern and genetic diversity of *Trichoderma* in a mild-European, primeval floodplain-forest. Investigação Microbiológica. 158: 125-133.
733. Wulff, E. G., Mguni, C. M., Mansfeld-Giese, K., Fels, J., Lubeck, M., e Hockenhull, J. 2002. Biochemical and molecular characterization of *Bacillus amyloliquefaciens*, *B. subtilis* and *B. pumilus* isolates with distinct antagonistic potential against *Xanthomonas campestris* pv. *campestris*. Plant Pathol. 51(5): 574-584.
734. Xiang, Y., Kang, F., Xiang, Y., e Jiao, Y. 2019. Efeitos do hidróxido duplo em camadas magnético Fe3O4/MgAl modificado com ácido húmico no crescimento das plantas, na atividade enzimática do solo e na disponibilidade de metais. Ecotoxicologia e Segurança Ambiental. 182: 109424.
735. Xiao, M., Fu, X., Wei, X., Chi, Y., Gao, W., Yu, Y., Liu, Z., Zhu, C., e Mou, H. 2021. Caracterização estrutural de dissacarídeos contendo fucose preparados a partir de exopolissacarídeos de *Enterobacter sakazakii*. Carbohydrate Polymers. 252: 117139.
736. Xie, S. S., Wu, H. J., Zang, H. Y., Wu, L. M., Zhu, Q. Q., e Gao, X. W. 2014. Promoção do crescimento da planta por *Bacillus subtilis* OKB105 produtor de espermidina. Mol Plant Microbe Interact. 27: 655-663.
737. Xu, D.-B., Wang, Q.-J., Wu, Y.-C., Yu, G.-H., Shen, Q.-R., e Huang, Q.-W. 2012. Substâncias semelhantes a húmicas de diferentes extractos de composto podem promover significativamente o crescimento do pepino. Pedosphere. 22(6): 815-824.
738. Xu, M., Sheng, J., Chen, L., Men, Y., Gan, L., Guo, S., e Shen, L. 2014. Composições da comunidade bacteriana de sementes de tomate (*Lycopersicum esculentum* Mill.) e atividade promotora do crescimento de plantas de *Bacillus subtilis* (HYT-12-1) produtor de ACC deaminase em mudas de tomate. World J Microbiol Biotechnol. 30: 835-845.
739. Xu, S., Liu, Y., Wang, J., Yin, T., Han, Y. W., Wang, X., e Huang, Z. 2015. Isolamento e potencial de *Ochrobactrum* sp. NW-3 para aumentar o crescimento do pepino. Revista Internacional de Política e Pesquisa Agrícola. 3(9): 341-350.
740. Xu, D., Deng, Y., Xi, P., Yu, G., Wang, Q., Zing, Q., Jiang, Z., e Gao, L. 2019. A resistência à doença induzida pelo ácido fúlvico a *Botrytis cinerea* em uvas de mesa pode ser mediada pela regulação do metabolismo dos fenilpropanóides. Food Chemistry. 286: 226-233.
741. Xu, Z., Wang, D., Tang, W., Wang, L., Li, Q., Lu, Z., Liu, H., Zhong, Y., He, T., e Guo, S. 2020. Fitorremediação de solo poluído com cádmio assistida por colonização *de Enterobacter cloacae* aprimorada por D-gluconato na rizosfera de *Solanum nigrum* L.. Science of The Total Environment. 732: 139265.
742. Xue, Q.-Y., Chen, Y., Li, S.-M., Chen, L.-F., Ding, G.-C., Guo, D.-W., e Guo, J.-H. 2009. Avaliação das estirpes de *Acinetobacter* e *Enterobacter* como potenciais agentes de biocontrolo contra a Ralstonia wilt of tomato.

Biological Control. 48(3): 22-28.
743. Xue, F., Li, W., Wubie, A. J., Hu, Y., Guo, Z., Zhou, T., e Xu, S. 2015. Controlo biológico de *Ascosphaera* apis em abelhas melíferas utilizando mutantes *de Trichoderma atroviride* transformados por integração enzimática restrita (REMI). Biological Control. 83: 46-50.
744. Yadav, R. S., Singh, V., Pal, S., Meena, S. K., Meena, V. S., Sarma, B. K., Singh, H. B., e Rakshit, A. 2018. A biopreparação de sementes de milho bebé surgiu como uma estratégia viável para reduzir o uso de fertilizantes minerais e aumentar a produtividade. Scientia Horticulturae. 241: 93-99.
745. Yahia, Y., Bagues, M., Zaghdoud, C., Al-Amri, S. M., Nagaz, K., e Guerfel, M. 2019. Perfil fenólico, capacidade antioxidante e atividade antimicrobiana de *Calligonum arich* L., planta endêmica do deserto na Tunísia. Jornal Sul-Africano de Botânica. 124: 414-419.
746. Yang, F., Zhang, S., Ding, S., Hou, Y., Yu, L., Chen, X., e Xiao, J. 2016. Caracterização da montagem in vitro de FtsZ na cepa A3 de *Arthrobacter* usando espalhamento de luz. Jornal Internacional de Macromoléculas Biológicas. 91: 294-298.
747. Yang, B., Cheng, X., Zhang, Y., Li, W., Wang, J., Tian, Z., Du, E., e Guo, H. 2021. Avaliação faseada para o mecanismo envolvente do ácido húmico no aumento da descontaminação da água usando o processo H2O2-Fe (III). Journal of Hazardous Materials. 407: 124853.
748. Yang, X., Zhou, Z., Fu, M., Han, M., Liu, Z., Zhu, C., Wang, L., Zheng, J., Liao, Y., Zhang, W., Ye, J., e Xu, F. 2021. Identificação transcriptomial de genes da família WRKY e seu perfil de expressão em relação ao ácido salicílico em *Camellia japonica*. . 16(1): 1844508.
749. Yanik, F., Ayturk, O., Cetinbas-Genc, A., e Vardar, F. 2018. Germinação induzida por ácido salicílico, alterações bioquímicas e de desenvolvimento em centeio (*Secale cereale* L.). Ata Bot Croat. 77(1): 45-50.
750. Yanti, Y., Habazar, T., Reflinaldon, Nasution, C. R., e Felia, S. 2017. Capacidade de Bacillus spp. indígena para atividades de promoção do crescimento e controle da doença da murcha bacteriana (*Ralstonia solanacearum*). Biodiversitas. 18(4): 1562-1567.
751. Yao, Y. Y., et al. 2019. Ativação de ácido fúlvico em efluentes de fábricas de papel usando oxidação catalítica H2O2/TiO2: caraterização e bioensaios de estresse salino. J Hazard Mater. http://doi.org/10.1016/j.jhazmat.2019.05.095
752. Yasmeen, S., e Bano, A. 2014. Microrganismos, *Rhizobium* e *Enterobacter* na nodulação radicular e fisiologia da soja (*Glycine max* L.). Comunicações em Ciência do Solo e Análise de Plantas. 45(18): 2373-2384.
753. Yasmin, S., Hafeez, F. Y., e Rasul, G. 2014. Avaliação de *Pseudomonas aeruginosa* Z5 para o biocontrolo da doença das plântulas de algodão causada por *Fusarium oxysporum*. Ciência e Tecnologia de Biocontrolo. 24(11): 1227-1242.
754. Yathisha, U. G., Bhat, I., Karunasagar, I., e Mamath, B. S. 2019. Atividade anti-hipertensiva de hidrolisados de proteína de peixe e seus

peptídeos. Revisões críticas em ciência alimentar e nutrição. 59(15): 2363-2374.
755. Yazdani, M., Yap, C. K., Abdullah, F. e Tan, S. G. 2009. *Trichoderma atroviride* como biorremediador da poluição por Cu: Um estudo *in vitro*. Química Toxicológica e Ambiental. 91(7): 1305-1314.
756. Yazdani, B., Nikbakht, A., e Etemadi, N. 2014. Efeitos fisiológicos de diferentes combinações de ácido húmico e ácido fúlvico em Gerbera. Comunicações em Ciência do Solo e Análise de Plantas. 45(10): 1357-1368.
757. Ye, J., Mao, D., Cheng, S., Zhang, X., Tan, J., Zheng, J., e Xu, F. 2020. A análise comparativa do transcriptoma revela o potencial mecanismo estimulador da biossíntese de terpeno trilactona por ácido salicílico exógeno em *Ginkgo biloba*. Industrial Crops and Products. 145: 112104.
758. Yi, Y., Li, Z., Song, C., e Kuipers, O. P. 2008. Exploring plantmicrobe interactions of the rhizobacteria *Bacillus subtilis* and *Bacillus mycoides* by use of the CRISPR-Cas9 system. Environ Microbiol. 20: 42454260.
759. Yigider, E., Taspinar, M. S., Sigmaz, B., Aydin, M., e Agar, G. 2016. Atividade protetora dos ácidos húmicos contra o polimorfismo do retrotransposon LTR (repetição terminal longa) induzido por manganês e efeitos de instabilidade genômica em *Zea mays*. Plant Gene. 6: 13-17.
760. Yigit, F., e Dikilitas, M. 2008. Efeito das aplicações de ácido húmico nas doenças da podridão radicular causadas por *Fusarium* spp. em plantas de tomate. Patologia Vegetal. 7(2): 179-182.
761. Yildririm, E., Turan, M., e Guvenc, I. 2008. Efeito da aplicação foliar de ácido salicílico no crescimento, clorofila e conteúdo mineral do pepino cultivado sob stress salino. Journal of Plant Nutrition. 31(3): 593-612.
762. Yin, H., Kjaer, A., Frette, X. C., Du, Y., Christensen, L. P., Jensen, M., e Grevsen, K. 2012. O oligossacarídeo quitosano e o ácido salicílico regulam a expressão genética de forma diferente em relação à biossíntese de artemisinina em *Artemisia annua* L. Process Biochemistry. 47(11): 1559-1562.
763. Yonezawa, M., Takahashi, J., Hashiba, T., Usuki, F., e Narisawa, K. 2004. Estudo anatómico sobre a interação entre o fungo endofítico da raiz *Heteroconium chaetospira* e a couve chinesa. Mycoscience. 45(6): 367-371.
764. Yolanda, N.-G., Ferrera-Cerrato, R., e Santamaria, J. M. 2012. *Glomus intraradices* atenua o efeito negativo do baixo suprimento de Pi na fotossíntese e no crescimento de plantas de mamão Maradol. Journal of Botany. Artigo ID 129591, 8 páginas.
765. Yousuf, J., Thajudeen, J., Rahiman, M., Krishnankutty, S. P., Alikunj, A., e Abdulla, M. H. 2017. Potencial de fixação de nitrogênio de várias cepas *de Bacillus* heterotróficas de um estuário tropical e regiões costeiras adjacentes. J Basic Microbiol. 57: 922-932.
766. Yu, X., Li, Y., Cui, Y., Liu, R., Li, Y., Chen, Q., Gu, Y., Zhao, K., Xiang, Q., Xu, K., e Zhang, X. 2016. Um *Ochrobactrum* sp. MGJ11 produtor de ácido indoleacético neutraliza o efeito do cádmio na soja, promovendo o crescimento das plantas. Jornal de Microbiologia Aplicada. 122: 987-996.

767. Yuzbasioglu, E., e Dalyan, E. 2019. O ácido salicílico alivia a toxicidade do thiram modulando a capacidade enzimática antioxidante e os sistemas de desintoxicação de pesticidas no tomate (*Solanum lycopersicum* Mill.). Fisiologia e Bioquímica Vegetal. 135: 322-330.
768. Zahid, A., Fozia, Ramzan, M., Bashir, M. A., Khatana, M. A., Akram, M. T., Nadeem, S., Qureshi, M. S., Iqbal, W., Umar, M., Walli, S., Tariq, R. M. S., Atta, S., Al Farraj, D. A., e Yassin, M. T. 2020. Efeito de resíduos de algodão enriquecidos com ácido húmico no crescimento, composição nutricional e química de cogumelos ostra (*Pluerotus ostreatus* e *Lentinus sajor-caju*). Jornal da Universidade Rei Saud - Ciência. 32: 3249-3257.
769. Zaid, A., Mohammad, F., Wani, S. H., e Siddique, K. M. H. 2019. O ácido salicílico aumenta a tolerância ao estresse do níquel, regulando positivamente os sistemas de defesa antioxidante e glioxalase em plantas de mostarda. Ecotoxicologia e Segurança Ambiental. 180: 575-587.
770. Zanganeh, R., Jamei, R., e Rahmani, F. 2019. Modulação do crescimento e estresse oxidativo pela preparação de sementes com ácido salicílico em *Zea mays* L. sob estresse de chumbo. Jornal de Interações Vegetais. 14(1): 369-375.
771. Zanganeh, R., Jamei, R., e Rahmani, F. 2020. O tratamento de sementes antes da sementeira com ácido salicílico e hidrossulfureto de sódio confere tolerância à toxicidade do Pb no milho (*Zea mays* L.). Ecotoxicologia e Segurança Ambiental. 206: 111392.
772. Zehnder, G. W., Yao, C., Murphy, J. F., Sikora, E. R., e Kloepper, J. W. 2000. Indução de resistência no tomate contra o cucumovírus do mosaico do pepino por rizobactérias promotoras do crescimento das plantas. Biocontrol. 45: 127137.
773. Zermane, N., Souissi, T., Kroschel, J., e Sikora, R. 2007. Biocontrolo da vassoura-de-bruxa (*Orobanche crenata* Forsk. e *Orobanche foetida* Poir.) pelo isolado Bf7-9 de *Pseudomonas fluorescens* da rizosfera da fava. Biocontrol Science and Technology. 17(5): 483-497.
774. Zewail, R. M. Y., El-Desoukey, H. S., e Islam, K. R. 2020. Alívio do estresse de cromo pelo ácido salicílico no espinafre Malabar (*Basella alba*). Jornal de Nutrição Vegetal. 43(9): 1268-1285.
775. Zhan, H., Wan, Q., Wang, Y., Cheng, J., Yu, X., e Ge, J. 2021. Uma cepa bacteriana endofítica, *Enterobacter cloacae* TMX-6, aumenta a degradação do tiametoxam em plantas de arroz. Chemosphere. 269: 128751.
776. Zhang, H., Kim, M. S., Krishnamachari, B., Payton, P., Sun, Y., Grimson, M., Farag, M. A., Ryu, C.-M., Allen, R., Melo, I. S., e Pare, P. W. 2007. As emissões voláteis de rizobactérias regulam a homeostase da auxina e a expansão celular em *Arabidopsis*. Planta. 226: 839-851.
777. Zhang, H., Kim, M. S., Sun, Y., Dowd, S. E., Shi, H., e Pare, P. W. 2008. As bactérias do solo conferem tolerância ao sal das plantas através da regulação específica dos tecidos do transportador de sódio HKT1. Mol Plant-Microbe Interact. 21: 737-744.
778. Zhang, H., Sun, Y., Xie, X., Kim, M. S., Dowd, S. E., e Pare, P. W.

2009. Uma bactéria do solo regula a aquisição de ferro pelas plantas através da deficiência
mecanismos induzíveis. Plant J. 58: 568-577.
779. Zhang, L., Zhang, J., Christie, P., e Li, X. 2009. Efeito da inoculação com o fungo micorrízico arbuscular *Glomus Intraradices* no nemátodo das galhas *Meloidogyne Incognita* em pepino. Journal of Plant Nutrition. 32(6): 967-979.
780. Zhang, H., Murzello, C., Sun, Y., Kim, M. S., Xie, X., Jeter, R. M., Zak, J. C., Dowd, S. E., e Pare, P. W. 2010. Tolerância à colina e ao stress osmótico induzida em *Arabidopsis* pelo micróbio do solo *Bacillus subtilis* (GB03). Mol Plant-Microbe Interact. 23: 1097-1104.
781. Zhang, L., Sun, X.-Y., Tian, Y., e Gong, X.-Q. 2014. As alterações de biochar e ácido húmico melhoram a qualidade dos resíduos verdes compostados como meio de crescimento para a planta ornamental *Calathea insignis*. Scientia Horticulturae. 176: 70-78.
782. Zhang, C., Howlader, P., Liu, T., Sun, X., Jia, X., Zhao, X., Shen, P., Qin, Y., Wang, W. e Yin, H. 2019. Resistência induzida por oligossacarídeo de alginato (AOS) a *Pst* DC3000 via via de sinalização mediada por ácido salicílico em *Arabidopsis thaliana*. Polímeros de carboidratos. 225: 115221.
783. Zhang, K., Wang, Y., Sun, W., Han, K., Yang, M., Shi, Z., Li, G., e Qiao, Y. 2020. Efeitos do ácido salicílico exógeno na resposta de resistência de plantas de soja selvagem (*Glycine soja*) infectadas com o *vírus do mosaico da soja*. Jornal Canadiano de Patologia Vegetal. 42(1): 84-93.
784. Zhang, K., Li, A., Wang, Y., Zhang, J., Chen, Y., Wang, H., Shi, R., e Qiu, Y. 2021. Investigação da presença de Ochrobactrum spp. e *Brucella* spp. em *Haemaphysalis longicornis*. Carraças e Doenças Transmitidas por Carraças. 12(1): 101588.
785. Zhang, H., Ma, Z., Wang, J., Wang, P., Lu, D., Deng, S., Lei, H., Gao, Y., e Tao, Y. 2021. O tratamento com ácido salicílico exógeno mantém a qualidade, aumenta os compostos bioativos e aumenta a capacidade antioxidante de frutas frescas de goji (*Lycium barbarum* L.) durante o armazenamento. LWT. 140: 110837.
786. Zhao, L., Teng, S., e Liu, Y. 2012. Caracterização de um organismo rizosférico versátil de pepino identificado como *Ochrobactrum haematophilum*. Jornal de Microbiologia Básica. 52(2): 232-244.
787. Zhao, L.-F., Xu, Y., e Lai, X.-H. 2018. Bactérias endofíticas antagônicas associadas a nódulos de soja (*Glycine max* L.) e propriedades promotoras de crescimento vegetal. Revista Brasileira de Microbiologia. 49: 269278.
788. Zhao, J., Wang, S., Zhu, X., Wang, Y., Liu, X., Duan, Y., Fan, H., e Chen, L. 2021. Isolamento e caraterização de bactérias endofíticas de nódulos *Pseudomonas protegens* Sneb1997 e *Serratia plymuthica* Sneb2001 para o controlo biológico do nemátodo das galhas. Applied Soil Ecology. 164: 103924.
789. Zin, N. A., e Badaluddin, N. A. 2020. Funções biológicas de

Trichoderma spp. para aplicações agrícolas. Anais de Ciências Agrícolas. 65: 168-178.
790. Zohara, F., Akanda, Md. A. M., Paul, N. C., Rahman, M., e Islam, Md. T. 2016. Efeitos inibitórios de Pseudomonas spp. no patógeno vegetal *Phytophthora capsici in vitro* e in planta. Biocatálise e Biotecnologia Agrícola. 5: 69-77.
791. Zonaro, E., Piacenza, E., Presentato, A., Monti, F., Dell Anna, S. L., e Vallini, G. 2017. *Ochrobactrum* sp. MPV1 de um depósito de pirites torradas pode ser explorado como catalisador bacteriano para a biogénese do selénio. Fábricas de células microbianas. 16(215): 1-17.
792. Zurdo-Pineiro, J. L., Rivas, R., Trujillo, M. E., Vizcaino, N., Carrasco, J. A., Chamber, M., Palomares, A., Mateos, P. F., Martinez-Molina, E., e Velazquez, E. *Ochrobactrum cytisi* sp. nov., isolado de nódulos de *Cytisus scoparius* em Espanha. Int J Syst Evol Microbiol. 57: 784-788.

Printed by Books on Demand GmbH, Norderstedt / Germany